概率图模型
基于R语言

Learning Probabilistic Graphical Models in R

[法] 大卫·贝洛特（David Bellot）著　魏博 译

人民邮电出版社
北京

图书在版编目（CIP）数据

概率图模型：基于R语言 /（法）大卫·贝洛特（David Bellot）著；魏博译. -- 北京：人民邮电出版社，2018.1(2022.3重印)
ISBN 978-7-115-47134-5

Ⅰ. ①概… Ⅱ. ①大… ②魏… Ⅲ. ①程序语言－程序设计－应用－概率－数学模型 Ⅳ. ①O211-39

中国版本图书馆CIP数据核字(2017)第275114号

版权声明

◆ 著　[法] David Bellot
译　魏　博
责任编辑　王峰松
责任印制　焦志炜

◆ 人民邮电出版社出版发行　北京市丰台区成寿寺路 11 号
邮编 100164　电子邮件 315@ptpress.com.cn
网址 http://www.ptpress.com.cn
固安县铭成印刷有限公司印刷

◆ 开本：720×960 1/16
印张：12.75　2018 年 1 月第 1 版
字数：205 千字　2022 年 3 月河北第 7 次印刷
著作权合同登记号　图字：01-2017-3665 号

定价：59.00 元

读者服务热线：(010)81055410　印装质量热线：(010)81055316
反盗版热线：(010)81055315
广告经营许可证：京东市监广登字20170147号

内容提要

概率图模型结合了概率论与图论的知识，提供了一种简单的可视化概率模型的方法，在人工智能、机器学习和计算机视觉等领域有着广阔的应用前景。本书旨在帮助读者学习使用概率图模型，理解计算机如何通过贝叶斯模型和马尔可夫模型来解决现实世界的问题，同时教会读者选择合适的R语言程序包、合适的算法来准备数据并建立模型。本书适合各行业的数据科学家、机器学习爱好者和工程师等人群阅读、使用。

作者简介

David Bellot 是法国国家信息与自动化研究所（INRIA）计算机科学专业的博士，致力于贝叶斯机器学习。他也是美国加州大学伯克利分校的博士后，为英特尔、Orange 电信和巴克莱银行等公司工作过。他现在财经行业工作，使用机器学习技术开发财经市场的预测算法，同时也是开源项目，如 Boost C++ 库的贡献者。

译者简介

魏博，志诺维思（北京）基因科技有限公司高级算法工程师。本科毕业于武汉大学数学系，博士毕业于中国科学院数学与系统科学研究院计算机软件与理论专业。前阿里巴巴优酷事业部视频搜索算法专家，欧普拉软件科技（北京）有限公司新闻推荐高级算法工程师。长期关注于用户需求建模、行为建模和自动推理。数据挖掘、机器学习和数据可视化爱好者，尤其热衷于海量数据中用户视角和用户行为模式的刻画和推断，以及自然语言处理问题。

审稿者简介

Mzabalazo Z. Ngwenya 拥有开普敦大学数学统计专业的研究生学历。他在统计咨询行业有广泛的业务，并有大量的 R 开发经验。他的兴趣主要在统计计算方面。他之前审阅了 Packt 出版社的书籍 *R Studio for R Statistical Computing*（Mark P.J. van der Loo 和 Edwin de Jonge）；*R Statistical Application Development by Example Beginner's Guide*（Prabhanjan Narayanachar Tattar）；*Machine Learning with R*（Brett Lantz）；*R Graph Essentials*（David Alexandra Lillis）；*R Object-oriented Programming*（Kelly Black）；*Mastering Scientific Computing with R*（Paul Gerrard 和 Radia Johnson）；*Mastering Data Analysis with R*（Gergely Darócz）。

Prabhanjan Tattar 现在是 Fractal Analytics 公司的高级数据科学家。他拥有 8 年的统计分析经验。生存分析和统计推断是他的主要科研和兴趣方向。他在同行评审的期刊上发表了多篇科研论文，并撰写了两本 R 语言书籍：《R 语言统计应用开发实例》（*R Statistical Application Development by Example*，Packt Publishing）和《R 语言统计教程》（*A Course in Statistics with R,* Wiley）。R 程序包 gpk、RSADBE 和 ACSWR 也是由他维护的。

前言

概率图模型是机器学习领域表示现实世界带有概率信息的数据和模型的最先进技术之一。在许多场景中，概率图模型使用贝叶斯方法来描述算法，以便可以从带有噪声和不确定性的现实世界中得出结论。

本书介绍了一些相关话题，例如推断（自动推理和学习），可以自动从原始数据中构建模型。它解释了算法是如何逐步运行的，并使用诸多示例展示了即时可用的 R 语言解决方案。介绍完概率和贝叶斯公式的基本原理之后，本书给出了概率图模型（Probabilistic Graphical Models，PGM），以及几种类型的推断和学习算法。读者会从算法设计过渡到模型的自动拟合。

本书关注在解决数据科学问题上有成功案例的有用模型，例如贝叶斯分类器、混合模型、贝叶斯线性回归，以及用于构建复杂模型的基本模型组件。

主要内容

第 1 章，概率推理，介绍了概率论和概率图模型的基本概念，并通过贝叶斯公式的表示，为概率模型提供一种易用、高效、简单的建模方法。

第 2 章，精确推断，介绍了如何通过简单图形的组合和模型查询构建概率图模型。该查询使用一种叫作联结树算法的精确推断算法。

第 3 章，学习参数，包括从数据集中使用最大似然法，拟合和学习概率图模型。

第 4 章，贝叶斯建模——基础模型，介绍了简单而强大的贝叶斯模型，其可以作为更加复杂模型的基础模块，以及如何使用自适应算法来拟合和查询贝叶斯模型。

第 5 章，近似推断，介绍了概率图模型上的第二种推断方法，同时介绍了主要的采样算法，例如马尔可夫链蒙特卡洛（MCMC）。

第 6 章，贝叶斯建模——线性模型，介绍了更高级贝叶斯视角的标准线性回归算法，并给出了解决过拟合问题的方案。

第 7 章，概率混合模型，介绍了更加复杂的概率模型，其中的数据来自于几种简单模型的混合。

附录，介绍了本书所引用的所有书籍和文献。

环境准备

本书的所有例子都需要版本在 3.0 以上的 R 环境中运行。

本书受众

本书面向需要处理海量数据，并从中得出结论的读者，尤其是当数据有噪声或者存在不确定性的读者。数据科学家、机器学习爱好者、工程师和其他对机器学习最新技术感兴趣的人会觉得概率图模型很有意思。

读者反馈

欢迎读者反馈。让我们知道你关于这本书的想法——喜欢什么，不喜欢什么。读者反馈对于我们很重要，它可以帮助我们开发读者真正需要的话题。想给我们发送反馈，只需要发电子邮件至 feedback@packtpub.com，并在邮件主题中告知书名。如果你是某个话题的专家，并且有兴趣编写书籍或者给予贡献，请查看我们的作者指导：www.packtpub.com/authors。

客户支持

你现在已经是 Packt 书籍的荣誉所有者。你还拥有以下权利。

下载示例代码

你可以从 http://www.packtpub.com 的个人账户中下载本书的示例代码文件。

如果你是从别的地方购买的本书，你可以访问 http://www.packtpub.com/support，在此网站注册后，会直接发邮件给你代码文件。你可以通过下列步骤下载代码文件：

1. 使用你的邮箱和密码在我们的网站登录并注册；
2. 在顶部的 SUPPORT 标签上悬停光标；
3. 单击 Code Downloads & Errata；
4. 在 Search 框中输入书名；
5. 选取代码文件所在的书籍；
6. 选择购书途径的下拉菜单；
7. 单击 Code Download。

你也可以在本书网站的页面单击 Code Files 按钮下载代码文件。这本书的网页可以通过 Search 搜索框输入书名找到。你需要登录自己的 Packt 账户。

文件下载完成之后，确保使用下列软件的最新版解压或抽取文件：

- Windows 系统使用 WinRAR / 7-Zip。
- Mac 系统使用 Zipeg / iZip / UnRarX。
- Linux 系统使用 7-Zip / PeaZip。

勘误

尽管我们已经非常细心地保证内容的正确性，但是错误还是会发生。如果你在我们的书中找到一处错误并告诉我们，不管是文本错误或是代码错误，我们都会非常感激。你的善举会省去其他用户的烦恼，并帮助我们改进本书的后续版本。如果你找到了任何勘误，请访问 https://www.packtpub.com/submit-errata 报告给我们。你只须选取书名，单击 Errata Submission Form 链接，输入勘误的具体信息。一旦勘误确定之后，我们会接受你的提交。勘误会上传到我们的网站，或者添加到书籍勘误部分已有的勘误列表下。要查看以前提交的勘误，访问 https://www.packtpub.com/books/content/support，在搜索框输入书名、所需信息会出现在 Errata 部分下。

版权

互联网上版权资料的盗版问题一直是所有媒介无法避免的问题。在 Packt，我们一直严肃对待版权和许可的保护问题。如果你在互联网上遇到任何形式的我社出版物的非法副本，请立即把具体地址或者网站名称提供给我们，我们可以采取补救措施。请联系 copyright@packtpub.com，附上可疑的盗版材料的链接。我们非常感谢你在保护作者方面的努力，也会注重提升自我能力，给你带来更有价值的内容。

疑问

如果你对本书有任何疑问，可以联系我们 questions@packtpub.com。我们会尽全力解决您的问题。

目　录

第 1 章 概率推理

在有关 21 世纪的所有预测中，最不希望的一个也许是我们需要每天收集世界上任何地方、关于任何事情的海量数据。近几年来，人们见证了关于世界、生活和技术方面难以置信的数据爆炸，这也是我们确信引发变革的源动力。虽然我们生活在信息时代，但是仅仅收集数据而不发掘价值和抽取知识是没有任何意义的。

在 20 世纪开始的时候，随着统计学的诞生，世界都在收集数据和生成统计。那个时候，唯一可靠的工具是铅笔和纸张，当然还有观察者的眼睛和耳朵。虽然在 19 世纪取得了长足的发展，但是科学观察依然处在新生阶段。

100 多年后，我们有了计算机、电子感应器以及大规模数据存储。我们不但可以持续地保存物理世界的数据，还可以通过社交网络、因特网和移动电话保存我们的生活数据。而且，存储技术水准的极大提高也使得以很小的容量存储月度数据成为可能，甚至可以将其放进手掌中。

但是存储数据不是获取知识。存储数据只是把数据放在某个地方以便后用。同样，随着存储容量的快速演化，现代计算机的容量甚至在以难以置信的速度提升。在读博士期间，我记得当我收到一个崭新、耀眼的全功能 PC 来开展科研工作时，我在试验室是多么的骄傲。而今天，我口袋里老旧的智能手机，还要比当时的 PC 快 20 倍。

在本书中，你会学到把数据转化为知识的最先进的技术之一：**机器学习**。这项技术用在当今生活的方方面面，从搜索引擎到股市预测，从语音识别到自动驾驶。而且，机器学习还用在了人们深信不疑的领域，从产品链的质量保证到移动手机网络的天线阵列优化。

机器学习是计算机科学、概率论和统计学相互融合的领域。机器学习的核心问题是推断问题或者说是如何使用数据和例子生成知识或预测。这也给我们带来了机器学习的两个基础问题：从大量数据中抽取模式以及高层级知识的算法设计，和使用这些知识的算法设计——或者说得更科学一些：学习和推断。

皮埃尔 - 西蒙·拉普拉斯（Pierre-Simon Laplace，1749—1827），法国数学家，也是有史以来最伟大的科学家之一，被认为是第一批理解数据收集重要性的人：他发现了数据不可靠，有不确定性，也就是今天说的有噪声。他也是第一个研究使用概率来处理不确定性等问题，并表示事件或信息信念度的人。

在他的论文《概率的哲学》（*Essai philosophique sur les probabilités*，1814）中，拉普拉斯给出了最初的支持新老数据推理的数学系统，其中的用户信念会在新数据可用的时候得到更新和改进。今天我们称之为贝叶斯推理。事实上，托马斯 · 贝叶斯确实是第一个、早在 18 世纪末就发现这个定理的人。如果没有贝叶斯工作的铺垫，皮埃尔 - 西蒙 · 拉普拉斯就需要重新发现同一个定理，并形成贝叶斯理论的现代形式。有意思的是，拉普拉斯最终发现了贝叶斯过世之后发表的文章，并承认了贝叶斯是第一个描述归纳推理系统原理的人。今天，我们会提及拉普拉斯推理，而不是贝叶斯推理，并称之为贝叶斯 - 普莱斯 - 拉普拉斯定理（Bayes-Price-Laplace Theorem）。

一个多世纪以后，这项数学技术多亏了计算概率论的新发现而得到重生，并诞生了机器学习中一个最重要、最常用的技术：概率图模型。

从此刻开始，我们需要记住，概率图模型中的术语**图**指的是图论，也就是带有边和点的数学对象，而不是图片或者图画。众所周知，当你想给别人解释不同对象或者实体之间的关系时，你需要拿纸画出带有连线或箭头的方框。这是一种简明易懂的方法，可以来介绍任何不同元素之间的关系。

确切地说，**概率图模型**（Probabilistic Graphical Models，PGM）是指：你想描述不同变量之间的关系，但是，你又对这些变量不太确定，只有一定程度的相信或者一些不确定的知识。现在我们知道，概率是表示和处理不确定性的严密的数学方法。

概率图模型是使用概率来表示关于事实和事件的信念和不确定知识的一种工具。它也是现在最先进的机器学习技术之一，并有很多行业成功的案例。

概率图模型可以处理关于世界的不完整的知识，因为我们的知识总是有限的。我们不可能观察到所有的事情，不可能用一台计算机表示整个宇宙。和计算机相比，我们作为人类从根本上是受限的。有了概率图模型，我们可以构建简单的学习算法，或者复杂的专家系统。有了新的数据，我们可以改进这些模型，尽全力优化模型，也可以对未知的局势和事件做出推断或预测。

在第 1 章中，你会学到关于概率图模型的基础知识，也就是概率知识和简单的计算规则。我们会提供一个概率图模型的能力概览，以及相关的 R 程序包。这些程序包都很成功，我们只需要探讨最重要的 R 程序包。

我们会看到如何一步一步地开发简单模型，就像方块游戏一样，以及如何把这些模型连接在一起开发出更加复杂的专家系统。我们会介绍下列概念和应用。每一部分都包含几个可以直接用 R 语言上手的示例：

- 机器学习。
- 使用概率表示不确定性。
- 概率专家系统的思想。
- 使用图来表示知识。
- 概率图模型。
- 示例和应用。

1.1 机器学习

本书是关于机器学习领域的书籍，或者更广义地叫作人工智能。为了完成任务，或者从数据中得出结论，计算机以及其他生物需要观察和处理自然世界的各种信息。从长期来看，我们一直在设计和发明各种算法和系统，来非常精准地并以非凡的速度解决问题。但是所有的算法都受限于所面向的具体任务本身。另外，一般生物和人类（以及许多其他动物）展现了在通过经验、错误和对世界的观察等方式取得适应和进化方面令人不可思议的能力。

试图理解如何从经验中学习，并适应变化的环境一直是科学界的伟大课题。自从计算机发明之后，一个主要的目标是在机器上重复生成这些技能。

机器学习是关于从数据和观察中学习和适应的算法研究，并实现推理和借助学到的模型和算法来执行任务。由于我们生活的世界本身就是不确定的，从这个意义上讲，即便是最简单的观察，例如天空的颜色也不可能绝对的确定。我们需要一套理论来解决这些不确定性。最自然的方法是概率论，它也是本书的数学基础。

但是当数据量逐渐增长为非常大的数据集时，即便是最简单的概率问题也会变得棘手。我们需要一套框架支持面向现实世界问题复杂度的模型和算法的便捷开发。

说到现实世界的问题，我们可以设想一些人类可以完成的任务，例如理解人类语言、开车、股票交易、识别画中的人脸或者完成医疗诊断等。

在人工智能的早期，构建这样的模型和算法是一项非常复杂的任务。每次产生的新算法，其实现和规划总是带着内在的错误和偏差。本书给出的框架，叫作概率图模型，旨在区分模型设计任务和算法实现任务。因为，这项技术基于概率论和图论，因此它拥有坚实的数学基础。但是同时，这种框架也不需要实践者一直编写或者重写算法，因为算法是针对非常原生的问题而设计的，并且已经存在了。

同时，概率图模型基于机器学习技术，它有利于实践人员从数据中以最简单的方式创造新的模型。

概率图模型中的算法可以从数据中学到新的模型，并使用这些数据和模型回答相关问题，当然也可以在有新数据的时候改进模型。

在本书中，我们也会看到概率图模型是我们熟知的许多标准和经典模型的数学泛化，并允许我们复用、混合和修改这些模型。

本章的其他部分会介绍概率论和图论所需的概念，帮助读者理解和使用R语言概率图模型。

1.2 使用概率表示不确定性

概率图模型，从数学的角度看，是一种表示几个变量概率分布的方法，也叫作联合概率分布。换句话说，它是一种表示几个变量共同出现的数值信念的工具。基于这种理解，虽然概率图模型看起来很简单，但是概率图模型强调的是对于许多变量概率分布的表示。在某些情况下，“许多”意味着大量，比如几千个到几百万个。在这一部分里，我们会回顾概率图模型的基本概念和R语言的基本实现。如果你对这些内容很熟悉，你可以跳过这一部分。我们首先研究为什么概率是表示人们对于事实和事件信念的优良工具，然后我们会介绍概率积分的基本概念。接着，我们会介绍贝叶斯模型的基础构建模块，并做一些简单而有意思的计算。最后，我们会讨论本书的主要话题：贝叶斯推断。

我之前说过贝叶斯推断是本书的主要话题吗？的确，概率图模型也是执行贝叶斯推断，或者换句话说，是从先前信念和新数据中计算新的事实和结论的前沿技术。

更新概率模型的原理首先是由托马斯·贝叶斯发现的，并由他的朋友普莱斯于1763年发表在著名的论文《论机会主义下的问题解决》（*An Essay toward solving a Problem in the Doctrine of Chances*）中。

1.2.1 信念和不确定性的概率表示

Probability theory is nothing but common sense reduced to calculation

Théorie analytique des probabilités, 1821.

Pierre-Simon, marquis de Laplace

正如皮埃尔-西蒙·拉普拉斯所说，概率是一种量化常识推理和信念程度的工具。有意思的是，在机器学习的背景下，信念这一概念已经被不知不觉地扩展到机器上，也就是计算机上。借助算法，计算机会对确定的事实和事件，通过概率表示自己的信念。

让我们举一个众人熟知的例子：掷硬币游戏。硬币正面或者反面向上的概率或机会是多少？大家都应该回答是50%的机会或者0.5的概率（记住，概率是0和1之间的数）。

这个简单的记法有两种理解。一种是**频率派**解释，另一种是**贝叶斯派**解释。第一种频率派的意思是如果我们投掷多次，长期来看一半次数正面向上，另一半次数反面向上。使用数字的话，硬币有50%的机会一面朝上，或者概率为0.5。

然而，频率派的思想，正如它的名字，只在试验可以重复非常多的次数时才有效。如果只观察到一两次事实，讨论频率就没有意义了。相反，贝叶斯派的理解把因素或事件的不确定性通过指认数值（0 ～ 1 或者 0% ～ 100%）来量化。如果你投掷一枚硬币，即使在投掷之前，你也肯定会给每个面指认 50% 的机会。如果你观看 10 匹马的赛马，而且对马匹和骑手一无所知，你也肯定会给每匹马指认 0.1（或者 10%）的概率。

投掷硬币是一类可以重复多次，甚至上千次或任意次的试验。然而，赛马并不是可以重复多次的试验。你最喜欢的团队赢得下次球赛的概率是多少？这也不是可以重复多次的试验：事实上，你只可以试验一次，因为只有一次比赛。但是由于你非常相信你的团队是今年最厉害的，你会指认一个概率，例如 0.9，来确信你的团队会拿下下一次比赛。

贝叶斯派思想的主要优势是它不需要长期频率或者同一个试验的重复。

在机器学习中，概率是大部分系统和算法的基础部件。你可能想知道收到的邮件是垃圾邮件的概率。你可能想知道在线网站下一个客户购买上一个客户同一个商品的概率（以及你的网站是否应该立刻给它打广告的概率）。你也想知道下个月你的商铺拥有和这个月同样多客户的概率。

从这些例子可以看出，完全频率派和完全贝叶斯派之间的界限远远不够清晰。好消息是不论你选择哪一种理解，概率计算的规则是完全相同的。

1.2.2　条件概率

机器学习尤其是概率图模型的核心是条件概率的思想。事实上，准确地说，概率图模型都是条件概率的思想。让我们回到赛马的例子。我们说，如果你对骑手和马匹一无所知，你可以给每一匹马（假定有 10 匹马）指认 0.1 的概率。现在，你知道这个国家最好的骑手也参加了这项赛事。你还会给这些骑手指认相同的机会吗？当然不能！因此这个骑手获胜的概率可能是 19%，进而所有其他骑手获胜的概率只有 9%。这就是条件概率：也就是基于已知其他事件的结果，当前事件的概率。这种概率的思想可以完美地解释改变直觉认识或者（更技术性的描述）给定新的信息来更新信念。概率图模型就是关注这些技术，只是放在了更加复杂的场景中。

1.2.3 概率计算和随机变量

在之前的部分，我们看到了为什么概率是表示不确定性或者信念，以及事件或事实频率的优良工具。我们也提到了不管是贝叶斯派还是频率派，他们使用的概率计算规则是相同的。在本部分中，我们首先回顾概率计算规则，并介绍随机变量的概念。它是贝叶斯推理和概率图模型的核心概念。

样本空间，事件和概率

在这一部分中，我们会介绍本书概率论中使用的基本概念和语言。如果读者已经知道了这些概念，可以跳过这一部分。

一个**样本空间** Ω 是一个试验所有可能输出的集合。在这个集合中，我们称 Ω 中的一个点 ω，为一个**实现**。我们称 Ω 的一个子集为一个**事件**。

例如，如果我们投掷一枚硬币一次，我们可以得到正面（H）或者反面（T）。我们说样本空间是 $\Omega=\{H,T\}$。一个事件可以是我得到了正面（H）。如果我们投掷一枚硬币两次，样本空间变得更大，我们可以记录所有的可能 $\Omega=\{HH,HT,TH,TT\}$。一个事件可以是我们首先得到了正面。因此我的事件是 $E=\{HH,HT\}$。

更复杂的例子可以是某人身高的米数度量[①]。样本空间是所有从0.0到10.9的正数。你的朋友很有可能都没有 10.9 米高，但是这并不会破坏我们的理论。

一个事件可以是所有的篮球运动员，也就是高于 2 米的人。其数学记法写作，相对区间 $\Omega=[0,10.9]$，$E=[2,10.9]$。

一个**概率**是指派给每一个事件 E 的一个实数 $P(E)$。概率必须满足下列 3 个公理。在给出它们之前，我们需要回顾为什么需要使用这些公理。如果你还记得我们之前说的，不论我们对概率做何理解（频率派或贝叶斯派），控制概率计算的规则是一样的：

- 对于任意事件 E，$P(E) \geqslant 0$：我们说概率永远为正。
- $P(\Omega)=1$，意味着包含所有可能事件的概率为 1。因此，从公理 1 和 2 看到，任何概率都在 0 和 1 之间。

① 原书此处为厘米，似乎有问题。

- 如果有独立事件 E_1，E_2，...，那么$P(U_{i=1}^{\infty}E_i)=\sum_{i=1}^{\infty}P(E_i)$。

随机变量和概率计算

在计算机程序中，变量是与计算机内存中一部分存储空间相关联的名称或者标记。因此一个程序变量可以通过它的位置（和许多语言中的类型）来定义，并保存有且仅有一个取值。这个取值可以很复杂，例如数组或者数据结构。最重要的是，这个取值是已知的，并且除非有人特意改变，它保持不变。换句话说，取值只能在算法确定要改变它的时候才会发生变化。

而随机变量有点不同：它是从样本空间到实数的函数映射。例如，在一些试验中，随机变量被隐式地使用：

- 当投掷两颗骰子的时候，两个点数之和 X 是一个随机变量。
- 当投掷一枚硬币 N 次时，正面向上的次数 X 是一个随机变量。

对于每一个可能的事件，我们可以关联一个概率 P_i。所有这些概率的集合是随机变量的**概率分布**。

让我们看一个例子：考虑投掷一枚硬币 3 次的试验。（样本空间中的）样本点是 3 次投掷的结果。例如，HHT，两次正面向上和一次背面向上是一个样本点。

因此我们可以很容易地列举所有可能的输出，并找出样本空间：

$$S=\{HHH, HHT, HTH, THH, TTH, THT, HTT, TTT\}$$

假设 H_i 为第 i 次投掷正面向上的事件。例如：

$$H_1=\{HHH, HHT, HTH, HTT\}$$

如果我们给每个事件指认 1/8 的概率，那么使用列举的方法，我们可以看到 $P(H_1)=P(H_2)=P(H_3)=1/2$。

在这个概率模型中，事件 H_1、H_2、H_3 是相互独立的。要验证这个结论，我们首先有：

$$P(H_1 \cap H_2 \cap H_3)=P(\{HHH\})=\frac{1}{8}=\frac{1}{2}\cdot\frac{1}{2}\cdot\frac{1}{2}=P(H_1)\,P(H_2)\,P(H_3)$$

我们还必须验证每一对乘积。例如：

$$P(H_1 \cap H_2)=P(\{HHH,HHT\})=\frac{2}{8}=\frac{1}{2}\cdot\frac{1}{2}=P(H_1)\,P(H_2)$$

对于另外两对也需要同样的验证。所以 H_1、H_2、H_3 是相互独立的。通常，我们把两个独立事件的概率写作它们独自概率的乘积：$P(A \cap B)=P(A)\cdot P(B)$。我们把两个不相干独立事件的概率写作它们独立概率的和：$P(A \cup B)=P(A)+P(B)$。

如果我们考虑不同的结果，可以定义另外一种概率分布。例如，假设我们依然投掷 3 次骰子。这次随机变量 X 是完成 3 次投掷后，正面向上的总次数。

使用列举方法我们可以得到和之前一样的样本空间：

$$S=\{HHH, HHT, HTH,THH,TTH,THT,HTT,TTT\}$$

但是这次我们考虑正面向上的次数，随机变量 X 会把样本空间映射到表 1-1 所示的数值：

表 1-1

s	HHH	HHT	HTH	THH	TTH	THT	HTT	TTT
$X(s)$	3	2	2	2	1	1	1	0

因此随机变量 X 的取值范围是 $\{0,1,2,3\}$。和之前一样，如果我们假设所有点都有相同的概率 1/8，我们可以推出 X 取值范围的概率函数，如表 1-2 所示：

表 1-2

x	0	1	2	3
$P(X=x)$	1/8	3/8	3/8	1/8

1.2.4　联合概率分布

让我们回到第一个游戏，同时得到 2 次正面向上和一次 6 点，低概率的获胜游戏。我们可以给硬币投掷试验关联一个随机变量 N，它是 2 次投掷后获得正面的次数。这个随机变量可以很好地刻画我们的试验，N 取 0、1 和 2。因此，我们不说对两次正面向上的事件感兴趣，而等价的说我们对事件 $N=2$ 感兴趣。这种表述方便我们查看其他事件，例如只有 1 次正面（HT 或 TH），甚至 0 次正面（TT）。我们说，给 N 的每个取值指派概率的函数叫作概率分布。另一个随机变量是 D，表述投掷骰子之后的点数。

当我们同时考虑两个试验（投掷硬币 2 次和投掷一个骰子）的时候，我们对同时获得 0、1 或 2 的概率以及 1、2、3、4、5 或 6 的点数概率更感兴趣。这两个同时考虑的随机变量的概率分布写作 $P(N,D)$，称作**联合概率分布**。

如果一直加入越来越多的试验和变量，我们可以写出一个很长很复杂的联合概率分布。例如，我们可能对明天下雨的概率，股市上涨的概率，以及明天上班路上高速堵车的概率感兴趣。这是一个复杂的例子但是没有实际意义。我们几乎可以确定股市和天气不会有依赖关系。然而，交通状况和天气状况是密切关联的。我可以写出分布 $P(W,M,T)$——天气、股市、交通——但是它似乎有点过于复杂了。而事实并非如此，这也是本书要一直探讨的话题。

一个概率图模型就是一个联合概率分布。除此以外，并无他物。

联合概率分布的最后一个重要概念是**边缘化**（Marginalization）。当你考察几个随机变量的概率分布，即联合概率分布时，你也许想从分布中消除一些变量，得到较少变量的分布。这个操作很重要。联合分布 $P(X,Y)$ 的边缘分布 $P(X)$ 可以通过下列操作获得：

$$P(X)=\sum_{y} P(X,Y)$$

其中我们按照 y 所有可能的取值汇总概率。通过这个操作，你可以从 $P(X,Y)$ 消除 Y。作为练习，可以考虑一下这个概率与之前看到的两个不相干事件概率之间的关系。

对于数学见长的读者，当 Y 是连续值时，边缘化可以写作 $P(X)=\int_{y} P(X,y)dy$。

这个操作非常重要，但对于概率图模型也很难计算。几乎所有的概率图模型都试图提出有效的算法，来解决这个问题。多亏了这些算法，我们可以处理现实世界里包含许多变量的复杂而有效的模型。

1.2.5　贝叶斯规则

让我们继续探讨概率图模型的一些基本概念。我们看到了边缘化的概念，它很重要，因为当有一个复杂模型的时候，你可能希望从一个或者少数变量中抽取信息。此时就用上边缘化的概念了。

但是最重要的两个概念是条件概率和贝叶斯规则。

条件概率是指在知道其他事件发生的条件下当前事件的概率。很明显，两个事件必须某种程度的依赖，否则一个事件的发生不会改变另一个事件：

- 明天下雨的概率是多少？明天路上拥堵的概率是多少？
- 知道明天要下雨的话，路上拥堵的概率又是多少？它应该比没有下雨知识的情况下要高。

这就是条件概率。更形式化的，我们可以给出下列公式：

$$P(X \mid Y)=\frac{P(X,Y)}{P(Y)} \text{和} P(Y \mid X)=\frac{P(X,Y)}{P(X)}$$

从这两个等式我们可以轻松地推导出贝叶斯公式：

$$P(X \mid Y)=\frac{P(Y \mid X)\cdot P(X)}{P(Y)}$$

这个公式是最重要的公式，它可以帮助我们转换概率关系。这也是拉普拉斯生涯的杰作，也是现代科学中最重要的公式。然而它也很简单。

在这个公式中，我们把 $P(X|Y)$ 叫作是给定 Y 下 X 的后验分布。因此，我们也把 $P(X)$ 叫作先验分布。我们也把 $P(Y|X)$ 叫做似然率，$P(Y)$ 叫做归一化因子。

我们再解释一下归一化因子。回忆一下：$P(X,Y)= P(Y|X)\ P(X)$。而且我们有 $P(Y)=\sum_x P(X,Y)$，即旨在消除（移出）联合概率分布中单个变量的边缘化。

因此基于上述理解，我们可以有 $P(Y)=\sum_x P(X,Y)=\sum_x P(Y|X)\ P(X)$。

借助简单的代数技巧，我们可以把贝叶斯公式改写成一般的形式，也是最方便使用的形式：

$$P(X \mid Y)=\frac{P(Y \mid X)\cdot P(X)}{\sum_x P(Y \mid X)P(X)}$$

这个公式之美，以至于我们只需要给定和使用 $P(Y|X)$ 和 $P(X)$，也就是先验和似然率。虽然形式简单，分母中的求和正如以后所见，可能是一个棘手的问题，复杂的问题也需要先进的技术。

理解贝叶斯公式

现在我们有 X 和 Y 两个随机变量的贝叶斯公式，让我们改写成另外两个变量的形式。毕竟，用什么字母并不重要，但是它可以给出公式背后的自然理解：

$$P(\theta \mid D)=\frac{P(D \mid \theta)\cdot P(\theta)}{\sum_{\theta} P(D \mid \theta)P(\theta)}$$

这些概念背后的直觉逻辑如下：

- **先验分布** $P(\theta)$ 是指我们在知道其他信息之前对 θ 的认识——我的初始信念。
- 给定 θ 值下的**似然率**，是指我可以**生成**什么样的数据 D。换句话说，对于所有的 θ，D 的概率是多少。
- **后验概率** $P(\theta|D)$，是指观察到 D 之后，对 θ 的新信念。

这个公式也给出了更新变量 θ 信念的前向过程。使用贝叶斯规则可以计算 θ 新的分布。如果又收到了新的信息，我们可以一次又一次更新信念。

贝叶斯规则的第一个例子

在这一部分中，我们会看到第一个 R 语言的贝叶斯程序。我们会定义**离散随机变量**，也就是随机变量只能取预定义数量的数值。假设我们有一个制作灯泡的机器。你想知道机器是正常工作还是有问题。为了得到答案你可以测试每一个灯泡，但是灯泡的数量可能很多。使用少量样本和贝叶斯规则，你可以估计机器是否在正常的工作。

在构建贝叶斯模型的时候，我们总是需要建立两个部件：

- 先验分布
- 似然率

在这个例子中，我们不需要特殊的程序包；我们只需要编写一个简单的函数来实现贝叶斯规则的简单形式。

先验分布是我们关于机器工作状态的初始信念。我们确定了第一个刻画机器状态的随机变量 M。这个随机变量有两个状态 $\{working,broken\}$。我们相信机器是好的，是可以正常工作的，所以先验分布如下：

$$P(M=working)=0.99$$

$$P(M=broken)=0.01$$

简单地说，我们对于机器正常工作的信念度很高，即 99% 的正常和 1% 的有问题。很明显，我们在使用概率的贝叶斯思想，因为我们并没有很多机器，而只有一台机器。我们也可以询问机器供应商，得到生产正常机器的频率信息。我们也可以使用他们提供的数字，这种情况下，概率就有了频率派的解释。但是，贝叶斯规则在所有理解下都适用。

第二个变量是 L，是机器生产的灯泡。灯泡可能是好的，也可能是坏的。所以这个随机变量包含两个状态 $\{good,bad\}$。

同样，我们需要给出灯泡变量 L 的先验分布：在贝叶斯公式中，我们需要给出先验分布和似然率分布。在这个例子中，似然率是 $P(L|M)$，而不是 $P(L)$。

这里我们事实上需要定义两个概率分布：一个是机器正常 $M=working$ 时的概率，一个是机器损坏 $M=broken$ 时的概率。我们需要回答两遍：

- 当机器正常的时候，生产出好的灯泡或者坏的灯泡的可能性是多少？
- 当机器不正常的时候，生产出好的灯泡或者坏的灯泡的可能性是多少？

让我们给出最可能的猜测，不管是支持贝叶斯派还是频率派，因为我们有下列统计：

$$P(L=good|M=working)=0.99$$

$$P(L=bad|M=working)=0.01$$

$$P(L=good|M=broken)=0.6$$

$$P(L=bad|M=broken)=0.4$$

我们相信，如果机器正常，生产 100 个灯泡只会有一个是坏的，这比之前说的还要高些。但是在这个例子中，我们知道机器工作正常，我们期望非常高的良品率。但是，如果机器坏掉，我们认为至少 40% 的灯泡都是坏的。现在，我们已经完整地刻画了模型，并可以使用它了。

使用贝叶斯模型是要在新的事实可用时计算后验分布。在我们的例子中，我们想知道，在已知最后一个灯泡是坏的情况下机器是否可以正常工作。所以，我

们想计算 $P(M|L)$。我们只需要给出 $P(M)$ 和 $P(L|M)$，最后只需用一下贝叶斯公式来转换概率分布。

例如，假设最后生成的灯泡是坏的，即 $L=bad$。使用贝叶斯公式我们有：

$$P(M=working|L=bad)=$$

$$\frac{P(L=bad\mid M=working)\cdot P(M=working)}{P(L=bad\mid M=working)P(M=working)+P(L=bad\mid M=broken)P(M=working)}=$$

$$\frac{0.01\times0.99}{0.01\times0.99+0.4\times0.01}=0.71$$

正如所见，机器正常工作的概率是 71%。这个值比较低，但是符合机器依然正常的直观感觉。尽管我们收到了一个坏灯泡，但也仅此一个，也许下一个就好了。

让我们重新计算同样的问题，其中机器正常与否的先验概率和之前的相同：50% 的机器工作正常，50% 的机器工作不正常。结果变成：

$$\frac{0.01\times0.5}{0.01\times0.5+0.4\times0.5}=0.024$$

机器有 2.4% 的概率正常工作。这就很低了。确实，给定机器质量后，正如建模成似然率，机器似乎要生产出坏灯泡。在这个例子中，我们并没有做有关机器正常的任何假设。生产出一个坏灯泡可以看作出问题的迹象。

贝叶斯规则的第一个R语言例子

看了之前的例子，有人会问第一个有意义的问题：如果观察多个坏灯泡我们需要怎么办？只看到一个坏灯泡就说机器需要维修，这似乎有些不合情理。贝叶斯派的做法是使用后验概率作为新的概率，并在序列中更新后验分布。然后，徒手做起来会很繁重，我们会编写第一个 R 语言贝叶斯程序。

下列代码是一个函数，计算给定先验分布、似然率和观察数据序列后的后验概率。这个函数有 3 个变量：先验分布、似然率和数据序列。`prior` 和 `data` 是向量，`likelihood` 是矩阵：

```
prior <-c(working =0.99, broken =0.01)
likelihood <-rbind(
    working =c(good =0.99, bad =0.01), broken =c(good =0.6,
```

```
  bad =0.4))
data <-c("bad", "bad", "bad", "bad")
```

所以我们定义了3个变量，包含工作状态 working 和 broken 的 prior，刻画每个机器状态（working 和 broken）的 likelihood，灯泡变量 L 上的 distribution。因此一共有4个值，R矩阵类似于之前定义的条件概率：

```
likelihood
         good   bad
working  0.99   0.01
broken   0.60   0.40
```

data 变量包含观察到的，用于测试机器和计算后验概率的灯泡序列。因此，我们可以定义如下贝叶斯更新函数：

```
bayes <-function(prior, likelihood, data)
{
  posterior <-matrix(0, nrow =length(data), ncol =length(prior))
  dimnames(posterior) <-list(data, names(prior))

  initial_prior <-prior
  for (i in 1:length(data))
  {
    posterior[i, ] <-
      prior *likelihood[, data[i]]/
      sum(prior *likelihood[,data[i]])

    prior <-posterior[i, ]
  }

  return(rbind(initial_prior, posterior))
}
```

这个函数做了下列事情：

- 创建一个矩阵，存储后验分布的连续计算结果。
- 然后对于每一个数据，给定当前先验概率计算后验概率：和之前的一样，你可以看到贝叶斯公式的R代码。
- 最后，新的先验概率是当前的后验概率，而且同样的过程可以迭代。

最终，函数返回了一个矩阵，包含初始先验概率和所有后续后验概率。

让我们多运行几次，理解一下工作原理。我们使用函数 matplot 绘出两个分布的演化情况。一个是机器正常（绿色线）的后验概率，一个是机器故障（红色线）的后验概率，如图 1-1 所示。

```
matplot(bayes(prior, likelihood, data), t ='b', lty =1, pch =20,
col =c(3, 2))
```

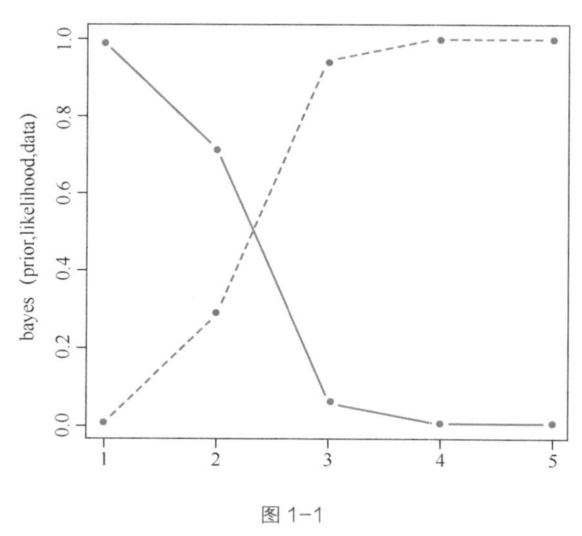

图 1-1

结果可以从图中看到：随着坏灯泡的增多，机器正常的概率快速下降（实线或绿色线）[①]

我们原本希望 100 只灯泡中只有 1 个坏灯泡，不要太多就好。所以这个机器现在需要维护了。红色线或虚线表示机器有问题。

如果先验概率不同，我们可以看到不同的演化。例如，假设我们不知道机器是否可以正常工作，我们为每一种情况指认相同的概率：

```
prior <-c(working =0.5, broken =0.5)
```

再次运行代码：

```
matplot(bayes(prior, likelihood, data), t ='b', lty =1, pch =20,
col =c(3, 2))
```

我们又得到了一个快速收敛的曲线，其中机器有问题的概率很高。这对于给定一批坏灯泡的情形来说，并不意外，如图 1-2 所示。

① 原书中“as the bad light bulbs arrive, the probability that the machine will fail quickly falls”，应有误。

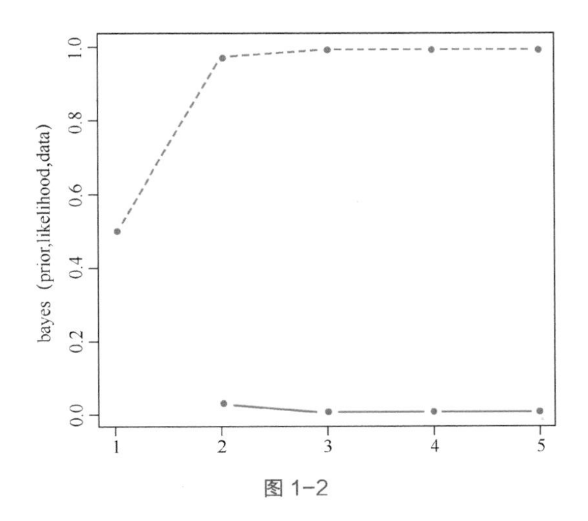

图 1-2

如果一直变换数据，我们可以看到不同的行为。例如，假设机器正常工作的概率是 99%。我们观察 10 个灯泡，其中第一个灯泡是坏的。我们有 R 代码：

```
prior =c(working =0.99, broken =0.01)
data =c("bad", "good", "good", "good", "good", "good", "good",
"good", "good", "good")
matplot(bayes(prior, likelihood, data), t ='b', pch =20, col =c(3, 2))
```

结果如图 1-3 所示。

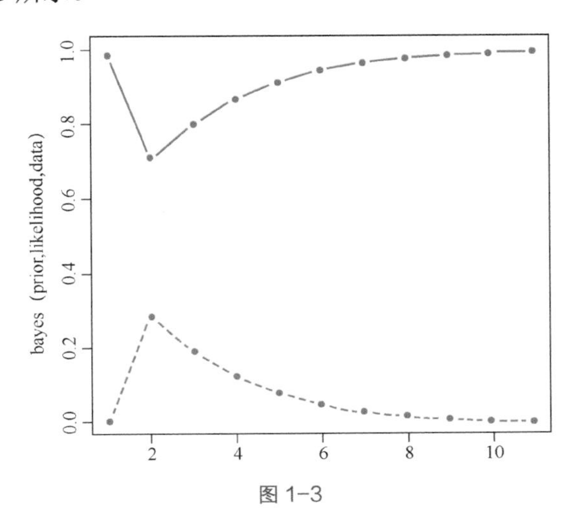

图 1-3

算法在第一个灯泡处犹豫了一下。因为这么好的机器，不大可能生产出一个坏灯泡。但是然后它又收敛到很高的概率，因为好灯泡的序列不会预示任何问题。

我们的第一个R语言贝叶斯模型就完成了。本章的其他部分，会介绍如何创建带有多于两个随机变量现实世界的模型，以及如何解决两个重要问题：

- 推断的问题，即收到新数据时计算后验概率的问题。
- 学习的问题，即数据集里先验概率的确定问题。

细心的读者也许会问：刚才看到的这个简单的算法可以解决推断问题吗？它确实可以，但是只能在有两个离散变量的时候。这有些过于简单，而无法捕捉现实世界的复杂性。我们会介绍本书的核心内容和执行贝叶斯推理的主流工具：概率图模型。

1.3　概率图模型

在本章的最后一部分，我们会介绍概率图模型，作为原生框架支持通过简单的模块生成复杂的概率模型。这些复杂模型通常对于要解决的复杂任务是必需的。而复杂并不意味着混乱，简单的事情是最好、最有效的。复杂是指为了表示和解决拥有很多输入、部件或者数据的任务，我们需要一个不完全平凡的模型，但是要满足足够的复杂度。

这个复杂的模型可以分解成几个相互交互的简单问题。最终，最简单的构建模块是一个变量。这个变量有一个随机值，或者像之前部分看到的带有不确定性的一个值。

1.3.1　概率模型

如果你还记得，我们看到使用概率分布表示复杂概念是有可能的。当我们有许多随机变量时，我们把这个分布叫作联合分布。有时拿到几百个甚至上千个更多的随机变量并非不可能。表示这么庞大的分布是非常困难的，在大多数情况下也是不可能的。

例如，在医学诊断中，每一个变量表示一个症状。我们可以拿到许多这样的变量。其他变量可以表示病人的年龄、性别、体温、血压等。我们可以使用许多不同的变量表示病人状态。我们也可以加入其他信息，例如最近的天气条件，病人的年龄和饮食状况。

从这个复杂的系统中，我们想解决两个问题：

- 从病人的数据库中，我们希望评估和发现所有概率分布，以及相关参数。这当然是自动的过程。
- 我们希望把问题放入模型中，例如，“如果我们观察到了一系列症状，我们病人是否还健康？”。类似的，“如果我改变病人的饮食，并开了这个药，我的病人是否会恢复？”。

然而，还有一个重要的问题：在这个模型中，我们想利用其他重要的知识，甚至是最重要的知识之一：不同模型部件之间的交互。换句话说，不同随机变量之间的依赖。例如，症状和疾病之间有明显的依赖关系。另外，饮食和症状之间的依赖关系比较遥远，或者通过其他变量例如年龄、性别有所依赖。

最终，在这个模型中完成的所有推理都天然地带有概率的性质。从对变量 X 的观察，我们想推出其他变量的后验分布，得到它们的概率而不是简单的是或不是的回答。有了这个概率，我们可以拿到比二元响应更丰富的回答。

1.3.2 图和条件独立

让我们做一个简单的计算。假设我们有两个二元随机变量，比如一个是在本章上一节看到的变量。我们把它们命名为 X 和 Y。这两个变量的联合概率分布是 $P(X,Y)$。它们是二元变量，因此我们可以为每一个取值，为简便起见称之为 x_1、x_2 和 y_1、y_2。

我们需要给定多少概率值？一共有 4 个，即 $P(X=x_1, Y=y_1)$、$P(X=x_1, Y=y_2)$、$P(X=x_2, Y=y_1)$ 和 $P(X=x_2, Y=y_2)$。

假设我们不止有两个二元随机变量，而是 10 个。这还是一个非常简单的模型，对吧？我们把这些变量叫作 X_1、X_2、X_3、X_4、X_5、X_6、X_7、X_8、X_9、X_{10}。这种情况下，我们需要提供 2^{10}=1 024 个值来确定我们的联合概率分布。如果我们还有 10 个变量，也就是一共 20 个变量该怎么办？这还是一个非常小的模型。但是我们需要给定 2^{20}=1 048 576 个值。这已经超过了一百万个值了。因此对于这么简单的模型，建模任务已经变得几乎不可能了！

概率图模型正是简洁地描述这类模型的框架，并支持有效的模型构建和使用。事实上，使用概率图模型处理上千个变量并不罕见。当然，计算机模型并不会存储几十亿个值，但是计算机会使用条件独立，以便模型可以在内存中处理和表示。而且，条件独立给模型添加了结构知识。这类知识给模型带来了巨大的不同。

在一个概率图模型中，变量之间的知识可以用图表示。这里有一个医学例子：如何诊断感冒。这只是一个示例，不代表任何医学建议。为了简单，这个例子做了极大的精简。我们有如下几个随机变量：

- *Se*：年内季节。
- *N*：鼻子堵塞。
- *H*：病人头痛。
- *S*：病人经常打喷嚏。
- *C*：病人咳嗽。
- *Cold*：病人感冒。

因为每一个症状都有不同的程度，所以我们很自然地使用随机变量来表示这些症状。例如，如果病人的鼻子有点堵塞，我们会给这个变量指派，例如 60%。即 $P(N=blocked)=0.6$ 和 $P(N=notblocked)=0.4$。

在这例子中，概率分布 $P(Se,N,H,S,C,Cold)$ 一共需要 $4\times 2^5=128$ 个值（4 个季节，每一个随机变量取 2 个值）。这已经很多了。坦白讲，这已经很难确定诸如“鼻子不堵塞的概率”“病人头痛和打喷嚏等的概率”。

但是，我们可以说头痛与咳嗽或鼻子堵塞并不是直接相关，除非病人得了感冒。事实上，病人头痛有很多其他原因。

而且，我们可以说**季节**对**打喷嚏**、**鼻子阻塞**有非常直接的影响，或者**咳嗽**对于**头痛**的影响很少或没有。在概率图模型中，我们会用图表示这些依赖关系。如图 1-4 所示，每一个随机变量都是图中的节点，每一个关系都是两个节点间的箭头。

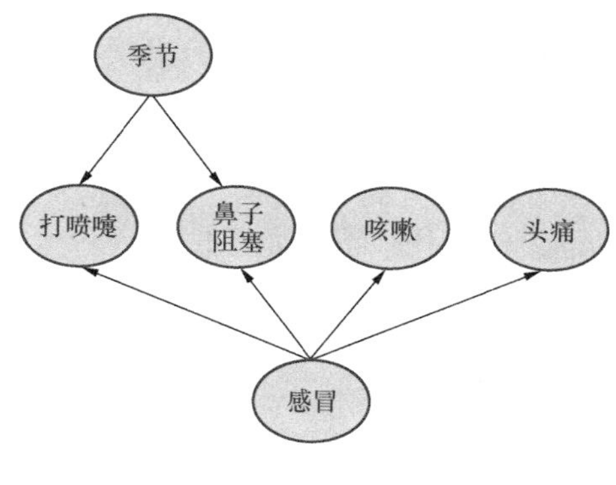

图 1-4

如图 1-4 所示，概率图模型中的每一个节点间都存在有向关系，即箭头。我们可以使用这种方式来简化联合概率分布，以便概率可以追踪。

使用图作为模型来简化复杂（或者甚至混乱）的分布有诸多好处：

- 首先，可以从上个例子中看到，通常我们建模一个问题的时候，随机变量只与其他随机变量的小规模子集直接交互。因此，使用图可以使得模型更加紧凑和易于处理。
- 图中的知识和依赖易于理解和沟通。
- 图模型引出了联合概率分布的紧凑表示，并且易于计算。
- 执行推断和学习的算法可以使用图论和相关算法，以便改进和推动所有推断和学习：与初始的联合概率分布相比，使用概率图模型会以几个级数的速度加速计算。

1.3.3 分解分布

在之前的普通感冒诊断的例子中，我们定义了一个简单的模型，包含变量 Se、N、H、S、C 和 $Cold$。我们看到，对于这样一个简单的专家系统，我们就需要 128 个参数！

我们还看到，我们可以基于常识或者简单的知识做出几个独立假设。在以后的内容中，我们会看到如何从数据集中发现这些假设（也叫作**结构学习**）。

所以我们可以做出假设，重写联合概率分布：

$$P(Se,N,H,S,C,Cold)$$

$$=P(Se)P(S|Se,Cold)P(N|Se,Cold)P(Cold)P(C|Cold)P(H|Cold)$$

在这个分布中，我们进行了分解。也就是说，我们把原来的联合概率分布表示为一些因子的乘积。在这个例子中，因子是更加简单的概率分布，例如 $P(C|Cold)$，病人感冒的情况下咳嗽的概率。由于我们可以把所有的变量看作二元的（除了季节，它有 4 个取值），每一个小的因子（分布）只需要确定少量的参数：$4+2^3+2^3+2+2^2+2^2=30$。我们只需要 30 个简单的参数，而不是 128 个！这是个巨大的改进。

我说过，参数非常容易确定，不管是通过手工还是根据数据。例如，我们不知道病人是否得了感冒，因此我们可以给变量 `Cold` 指派相同的概率，即

$P(Cold{=}true){=}P(Cold{=}false){=}0.5$。

类似的，我们也很容易确定 $P(C|Cold)$，因为如果病人得了感冒（$Cold = true$），他很有可能咳嗽。如果他没有感冒，病人咳嗽的概率很低，但是不是零不能确定，因为还有其他可能的原因。

1.3.4　有向模型

通常，有向概率图模型可以按照如下形式分解多个随机变量 X_1，X_2，...，X_n 上的联合概率分布：

$$P(X_1,X_2,\ldots,X_n)=\prod_{i=1}^{n}P(X_i|\ pa(X_i))$$

$pa(X_i)$ 是图中定义的变量 X_i 的父变量的子集。

图中的父变量很容易理解：当箭头从 A 指向 B 时，A 就是 B 的父变量。一个节点可以有很多可能的子节点，也可以有很多可能的父节点。

有向模型非常适合建模需要表示因果关系的问题。它也非常适合参数学习，因为每一个局部概率分布都很容易学习。

我们在本章中多次提到了概率图模型可以使用简单的模块进行构建，并组合出更大的模型。在有向模型中，模块指的是小的概率分布 $P(X_i|pa(X_i))$。

而且，如果我们想给模型扩展 9 个新的变量以及一些关系，我们只需简单扩展图形。有向概率图模型的算法适用于任何图形，不管什么样的规模。

尽管如此，并不是所有的概率分布都可以表示成有向概率图模型。有时，我们也有必要放松一些假设。

同时，注意到图必须是无环的很重要。这意味着，你不可能同时找到从 A 到 B 的箭头和从 B 到 A 的箭头，如图 1-5 所示。

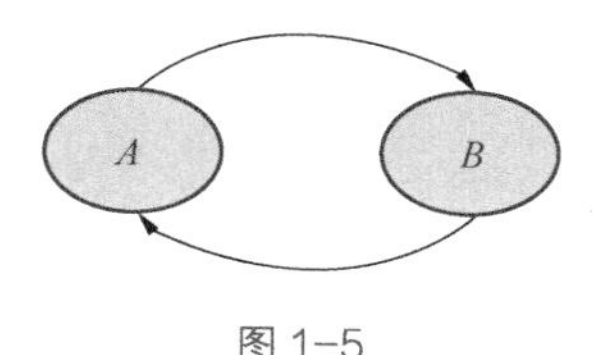

图 1-5

事实上，这个图并不表示之前定义的分解过程。它可能意味着 A 是 B 的原因，同时 B 也是 A 的原因。这是矛盾的，也没有等价的数学表示。

当假设或者关系不是有向的，还存在第二种概率图模型的形式。它的边都是无向的。它也叫作无向概率图模型或者马尔可夫网络。

1.3.5 无向模型

无向概率图模型可以按照如下形式分解多个随机变量 X_1，X_2，...，X_n 上的联合概率分布：

$$P(X_1, X_2, \ldots, X_n) = \frac{1}{Z}\prod_{c=1}^{C}\varphi_c(X_c)$$

这个公式的解释如下：

- 左边的第一个项是通常的联合概率分布。
- 常数 Z 是归一化常数，确保右侧所有项的和是 1，因为这是一个概率分布。
- φ_c 是变量 X_c 子集上的因子，以便这个子集的每一个成员是一个极大团，也就是内部所有节点都相互连接的子图，如图 1-6 所示。

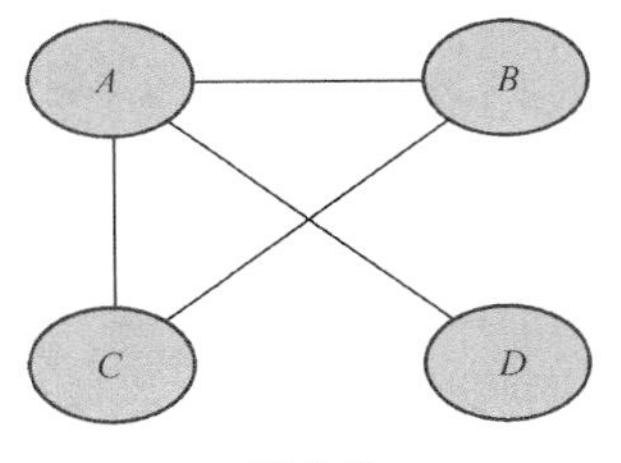

图 1-6

在上图中，我们有 4 个节点，并且函数 φ_c 定义在子集，也就是极大团 $\{ABC\}$ 和 $\{A,D\}$ 上。因此这里的概率分布并不复杂。这种类型的模型在计算机视觉、图像处理、财经和其他变量间关系遵循一定模式的领域都有广泛的应用。

1.3.6 示例和应用

现在来讨论一下概率图模型的应用。其实这些应用用几百页去讲述也很难涵盖其中的一部分。正如我们看到的，概率图模型是一种建模复杂概率模型的很有用的框架，可以使得概率易于理解和处理。

在这部分中，我们会使用之前的两个模型：灯泡机和感冒诊断。

回忆一下，感冒诊断模型有下列分解形式：

$$P(Se,N,H,S,C,Cold)=P(Se)P(S|Se,Cold)P(N|Se,Cold)P(Cold)P(C|Cold)P(H|Cold)$$

而灯泡机仅仅通过两个变量定义：L 和 M。分解形式也很简单。

$$P(L,M)=P(M)\cdot P(L|M)$$

对应分布的图模型也很简单，如图 1-7 所示。

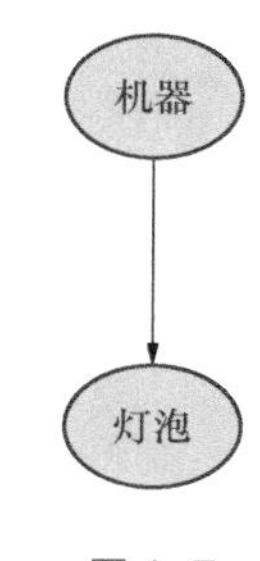

图 1-7

为了表示概率图模型，我们会使用 R 程序包 gRain。安装如下：

```
source("http://bioconductor.org/biocLite.R")
biocLite()
install.packages("gRain")
```

需要注意，这个安装过程可能会持续几分钟，因为这个程序包还依赖于许多其他的程序包（尤其是我们经常用到的 gRbase 程序包），而且提供了对图模型的一些基本操作函数。当程序包安装好后，你可以加载：

```
library("gRbase")
```

首先，我们想定义一个带有变量 A、B、C、D、E 的简单无向图：

```
graph <-ug("A:B:E + C:E:D")
class(graph)
```

我们定义了带有团 A、B 和 E 以及另一个团 C、E 和 D 的图模型。这形成了一个蝴蝶状的图。它的语法很简单：字符串的每一个团用 + 分开，每一个团使用冒号分隔的变量名定义。

接着我们需要安装图的可视化程序包。我们会使用流行的 Rgraphviz。要安装可以输入：

```
install.packages("Rgraphviz")
plot(graph)
```

你可以得到第一个无向图，如图 1-8 所示。

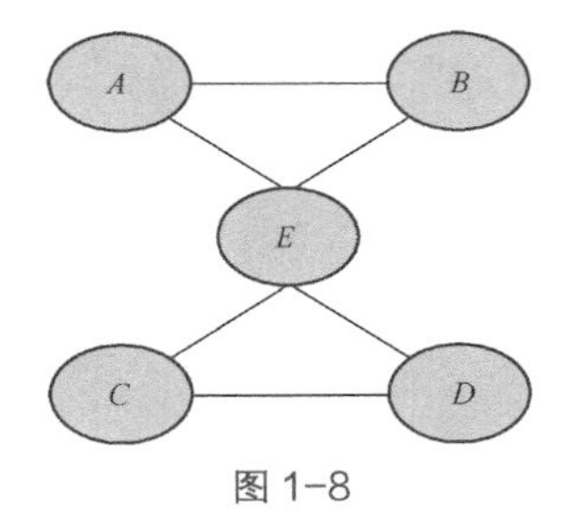

图 1-8

接着，我们希望定义一个有向图。假设我们依然有变量 $\{A, B, C, D, E\}$：

```
dag <-dag("A + B:A + C:B + D:B + E:C:D")
dag
plot(dag)
```

语法依然很简单：没有父节点的节点单独表示，例如 A，否则父节点通过冒号分隔的节点列表刻画。

这个程序包提供了多种定义图模型的语法。你也可以按照节点的方式构建图模型。我们会在本书中用到几种表示法，以及一个非常著名的表示法：矩阵表示法。一个图模型可以等价地表示为一个方阵，其中每一行和每一列表示一个节点。如果节点间存在边，那么矩阵的系数是 1，否则为 0。如果图是无向的，矩阵会是对称的；否则可以是任何样式。

最终，通过第二个例子我们可以得到图 1-9 所示的图模型。

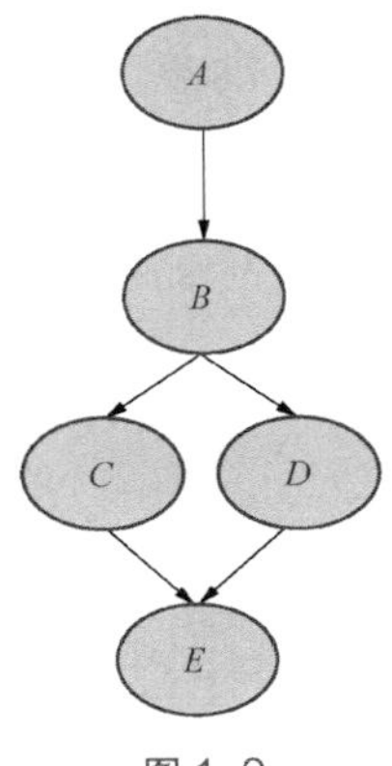

图 1-9

现在我们想为灯泡机问题定义一个简单的图模型，并给出数值概率。我们再做一遍计算，看看结果是否一致。

首先，我们为每一个节点定义取值：

```
machine_val <-c("working", "broken")
light_bulb_val <-c("good", "bad")
```

然后为两个随机变量定义百分比数值：

```
machine_prob <-c(99, 1)
light_bulb_prob <-c(99, 1, 60, 40)
```

接着，使用 gRain 定义随机变量：

```
M <-cptable(~machine, values = machine_prob, levels = machine_val)
L <-cptable(~light_bulb |machine, values = light_bulb_prob, levels = light_
bulb_val)
```

这里，cptable 表示条件概率表：它是离散型随机变量概率分布的内存表示。我们会在第 2 章精确推断中再次讨论这个表示法。

最后，我们可以构建新的概率图模型。当我们在第 2 章精确推断中研究推断算法例如**联结树算法（Junction Tree Algorithm）**时，这种表示法更加易于理解：

```
plist <-compileCPT(list(M, L))
plist
```

打印网络的时候，结果如下：

```
CPTspec with probabilities:
 P( machine )
 P( light_bulb |machine )
```

这里，可以清楚地看到之前定义的概率分布。如果我们打印出变量的分布，我们可以再次看到之前的结果：

```
plist$machine
plist$light_bulb
```

输出的结果如下：

```
>plist$machine
machine
working  broken
   0.99    0.01
>plist$light_bulb
```

```
         machine
light_bulb working broken
      good    0.99    0.6
      bad     0.01    0.4
```

现在我们从模型中找出后验概率。首先，给模型输入证据（即我们观察到一个坏灯泡），操作如下：

```
net <-grain(plist)
net2 <-setEvidence(net, evidence =list(light_bulb ="bad"))
querygrain(net2, nodes =c("machine"))
```

程序包会借助推断算法计算结果，并输出下列结果：

```
$machine
machine
  working    broken
0.7122302 0.2877698
```

这个结果与之前使用贝叶斯方法得到的结果完全相同。现在我们可以创建更加强大的模型，以及针对不同的问题应用不同的算法。这就是下一章关于图模型上精确推断的内容。

1.4 小结

在第 1 章中，我们学到了概率论的基础概念。

我们看到了如何以及为什么使用概率来表示数据和知识的不确定性，同时我们还介绍了贝叶斯公式。这是计算后验概率的最重要的公式。也就是说，当新的数据可用时，要更新关于一个事实的信念和知识。

我们看到了什么是联合概率分布，同时看到它会很快变得很复杂以至于难以处理。我们学到了概率图模型的基础知识，它是对概率模型进行易于处理、高效和简单建模的原生框架。最后，我们介绍了概率图模型的不同类型，并学到如何使用 R 程序包来编写第一个模型。

在下一章中，我们会学到概率图模型上执行贝叶斯推断的一系列算法，即给模型提出问题和寻求答案。我们会介绍 R 程序包的新特性，同时我们会学到这些算法如何工作，以及高效的执行。

第2章 精确推断

完成构建概率图模型之后，一个主要任务是我们想给模型提出问题并找出答案。对于联合概率分布的图模型和表示法，有很多使用方式。例如，我们可以研究随机变量之间的交互。我们还可以看到模型是否捕捉到关联关系或因果关系。而且，由于控制随机变量的概率模型已经参数化了，变量的概率分布在已知部分数值参数的情况下变得完全已知。我们还可能在其他参数已知的情况下，对特定参数的取值感兴趣。

本章主要介绍通过使用模型和变量子集的观察结果，来发现另一个变量子集后验概率的算法。我们没有必要观察和查询所有的变量。事实上，本章中我们即将看到的所有算法都可以用在任何被观察的子集和被查询的子集上。

主要有两种类型的查询：

- **概率查询**，其中，我们观察到变量的一个子集E，并选择这些变量的一个实例e，称之为证据。然后我们计算变量集X的子集Y的后验概率分布：$P(Y|E=e)$。
- **MAP 查询**，指的是找出对拥有最大概率的变量子集的共同赋值。同时，如果我们把E叫作被观察变量的集合，Z是模型的其他变量，那么MAP赋值可以通过$MAP(Z|E=e)=argmax_z P(z,e)$来定义。换句话说，我们要找出未被观察的变量的值，满足如果我们观察到赋值$E=e$，那么未被观察的变量拥有最大的概率。

本章的目的就是介绍解决精确推断问题的主流算法，即回答上述查询的问题。通常，推断问题可以化解为通过贝叶斯规则找出后验概率的问题。用数学的语言讲，如果我们把X叫作模型的所有变量的集合，E是被观察变量（证据）的集合，Z是隐含变量或非观察变量的集合，那么计算图模型的推断可以使用：

$$P(Z|E,\theta)=\frac{P(Z,E|\theta)}{P(E|\theta)}=\frac{P(Z,E|\theta)}{\sum_{z\in Z}P(Z=z,E|\theta)}$$

例如，在医学问题中，给定一个观察到的症状集合，我们想知道所有可能的疾病。在语音识别系统中，我们想知道被记录的声音（即说话者的语音）中最可能的单词序列。在雷达跟踪系统中，我们想从雷达读数中知道跟踪物体位置的概率分布。在推荐系统中，在给出售卖网站上用户最近的点击数据后，我们想知道待售产品的后验概率分布，以便给客户提供最优的5个产品的排序和推荐。

所有这些问题，以及更多的问题，总是需要计算后验概率分布。为了解决这个复杂的问题，我们打算研究一下另一个不同的算法，这个算法以概率图模型作为基础图形来执行高效的计算。但是，在本章的第一部分，为了理解算法如何工作，我们会看到如何执行朴素计算。该计算并不十分高效，但是可以作为基于此改进效率的框架。这叫作变量消解，它会逐步地减少查询中用不到的变量。

接着我们会看到，我们可以重用之前的计算，使用第二个算法——**和积算法**来改进算法效率。我们会把这个算法应用到不同类型的概率图模型，特别是带有树状层级的图形。这部分将引出最后一个也是最重要的算法——**联结树算法**。它可以接收任何图形，并把它们转换为树状结构，进而生成高效的计算序列。这个算法可以使用大部分R程序包实现。我们也会在本章中使用。

在本章中，你会学到如何执行简单推断，改进计算效率，并最终使用图模型。这个图模型可以根据现实世界问题的复杂程度的需要而构建。我们会介绍R语言的算法，以及R程序包，例如`gRain`、`gR`和`rHugin`中的函数。

在开始所有数学和编程工作之前，我们会在第1节中介绍概率图模型的设计过程，并且介绍几个专家系统的例子。我们还会展示如何把遗产模型表示为图模型，并从中受益。

本章的组织结构如下：

- 构建图模型。
- 变量消解。
- 和积与信念更新。
- 联结树算法。
- 概率图模型示例。

2.1 构建图模型

图模型的设计考虑到两个不同的方面。第一个方面，我们需要确定模型中涉及的变量。变量指我们可以观察到或度量到的事实，例如温度、价格、距离、项的数量、时间段或任何其他值。一个变量也可以表示一个或真或假的简单事实。

同时，这也是我们为什么要构建图模型的原因。变量可以捕捉问题的局部，而我们却无法直接度量或者估计这些与问题相关的变量。例如，一个外科大夫能够度量病人的一系列症状。但是，疾病并不是我们可以直接观察到的事实。它们只能通过几个症状的观察结果推论出来。以一般的感冒为例，当我们说一个人得了感冒，每个人都能理解这句话，这很自然。但是，并没有一个叫作感冒的东西。当某种类型的鼻病毒过分增殖时，病人却有严重的上呼吸道（鼻子）病毒感染。这是一个复杂过程，但是这只是一个普通的感冒。

直接推出病人得了感冒几乎不可能，除非医生对黏液采样，并评估样本中鼻病毒的数量足够说明病人得了某种特定的疾病。另一种方法是从简单的症状例如头痛、流鼻涕中得出结论。在这种情况下，表示病人得感冒的变量不能被直接观测到。

第二个方面是图。图表示了不同变量之间的依赖，它们彼此如何关联，如何直接或间接的交互。如果你之前学过统计，你就会使用相关性的概念。在图模型中，对两个变量之间的依赖理解得更加宽泛。事实上，相关性只表示变量之间的线性关系。

例如，表示症状的变量和表示疾病的变量可以连接起来，因为这两个变量之间有直接的关系。

2.1.1 随机变量的类型

在多数情况下，我们要使用的变量都是离散型的。一个原因是我们对或真或假，或取特定数量的事实感兴趣。另一个原因是在许多科学领域使用离散变量进行建模非常常见，而且离散变量的图模型背后的数学逻辑易于理解和实现。

一个离散随机变量 X 定义在有限样本空间 $S=\{v_1,v_2, \dots , v_n\}$ 上。离散随机变量的例子包括：

- 一个骰子 D 有样本数据集 $\{1,2,3,4,5,6\}$。
- 一枚银币 C 定义在集合 $\{T,H\}$ 上。

- 一个症状定义在值 {*true*,*false*} 上。
- 单词中的一个字母定义在集合 {*a*,*b*,*c*,*d*,*e*, ... , *z*} 上。
- 一个单词定义在一个非常大的英语单词集合 {*the*,*at*,*in*,*bread*, ... , *computer*, ... } 上，这个集合是有限的。
- 大小可以定义在有限数据集｛0,1,2,3, ... ,1000｝上。

一个连续随机变量是定义在一个连续的样本空间上，例如$\mathbb{R}$，$\mathbb{C}$，或者其他区间。当然，我们也可以把随机变量定义在多维空间上，例如$\mathbb{R}^n$上，但是要保证每一个维度都有相关的含义。有时，把维度分成 n 个不同的定义在$\mathbb{R}$上的随机变量也是有意义的。连续型随机变量的例子有：

- 距离公里数。
- 温度。
- 价格。
- 其他随机变量的平均值。
- 其他随机变量的方差。

当我们在考虑问题的贝叶斯方案时，最后两个例子很重要，而且可以导出机器学习问题的有用表示。确实，在贝叶斯方法中，所有的数量都看作随机变量。因此，如果我们定义一个服从分布 $N(\mu,\sigma^2)$ 的随机变量，我们可以进一步把 μ 和 σ^2 理解为随机变量。

事实上，在图模型中，把许多参数当成随机变量并在图中连接起来通常是很有用的。这些连接可以基于常识、因果交互或者其他存在于两个变量之间的足够强的依赖。

2.1.2 构建图

连接变量的原因有很多，正如我们在本章会看到的，也有许多算法可以自动地从数据集中学习这些连接。如果你读了一些科技文献，你会找到因果关系、稀疏模型或者分解的相关文献。所有这些原因都足以要求图模型中的变量连接。在本节中，我们会构建这样的模型，并介绍当两个变量连接时，模型和信息流会发生什么变化。我们会使用一个重要的概念：**d- 分离**。

另一个生成图模型的方法是模块化。这是图模型最吸引人的特点之一，因为你可以通过简单的模块构建复杂的模型，而且可以通过扩展图形来扩展已知的模型。

“学习参数和查询模型可以化解为同样的学习和推断算法应用。”

让我们看一些图模型实际的和理论的例子，以及它们捕捉的问题类型。

概率专家系统

假设我们想进行肺结核医疗诊断。介绍这个例子之前，我们需要为读者声明一下：本书的作者并无任何医疗技术和知识，只关注本书和机器学习领域。因此，下面例子的唯一目的是展示如何构建一个简单的图模型，而不用于任何医疗目的。例子出自 wikipedia。

肺结核是由结核杆菌引起的。只有临床生物分析检验可以检测出这种病毒，确认是否得了肺结核。然而，物理检验可以揭示一些肺结核的线索，帮助外科医生判断是否需要全面的临床检验以得出病人体内是否存在这种病毒的判断。而且，完整的肺结核医疗评估必须包含医疗历史、物理检验、胸部透视以及微生物检验。因此，如果我们想查看可能的症状和检验，我们也可以确定相应的模型中用到的随机变量：

- C：超过 3 周的咳嗽。C 可以为真，也可以为假。
- P：胸部疼痛。可以为真，也可以为假。
- H：咯血。这也是一个或真或假的二元变量。
- N：盗汗。这也是一个二元变量。
- L：饭量减少。这个比较主观。我们可以按照 3 个值分级：{*low,medium,strong*}，表示饭量减少的程度。
- 最后，正如我们所说的，只有微生物研究可以断定肺结核，而其他的症状只能假设它的存在。因此我们需要两个随机变量，一个有关微生物研究的二元变量叫作 M，表明是否发现病毒，另一个是判断病人是否断定，可能，假设患有肺结核，以及肺结核呈阴性。它是有四个值的随机变量。

为了生成图模型，我们需要做两件事：首先是需要图形连接随机变量，然后评估每个变量相互连接的先验概率，或者是图中的每一个节点。对于第二个任务，评估概率需要医疗专家知识。很显然这已经超出了本书的范围（也超出了作者当时的技能范围）。因此我们简单引入几个概率的名称，例如 x_1、x_2、x_3 等。

症状通常是由疾病引起的，反过来则不成立。例如，盗汗并不是肺结核的原因。而反过来讲却是成立的。而且盗汗可能由其他原因引起，例如卧室的大功率加热器。但是，病毒可以引起疾病。事实上，如果病毒确实存在但是量很少，它可能也不会引发疾病。这个简单的推理启发我们设计图形的思路。

让我们首先从二元症状 C、P、H 和 N 开始。它们都是由疾病 T 引起的。变量 L 也可以按照同样的原则添加到模型中，因此图形如图 2-1 所示。

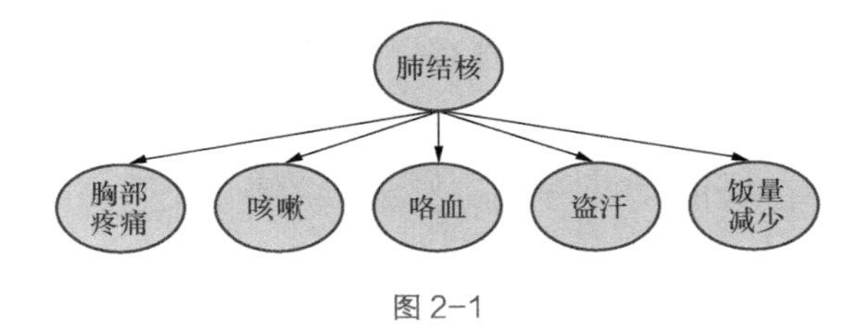

图 2-1

我们看到变量之间的连接存在某种模式。在图模型中处理原因和结果的时候，这个模式很常见。如果我们把同样的思路用到微生物研究 M 和疾病 T 的关系中，我们会得到图 2-2 所示的交互结果。

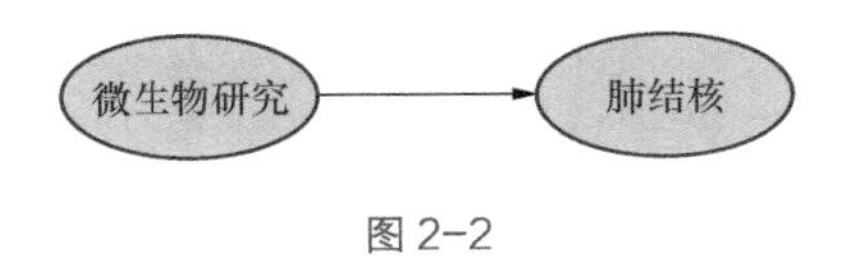

图 2-2

因此，当我们把之前的两个图形放在一起后，最终的图形如图 2-3 所示。

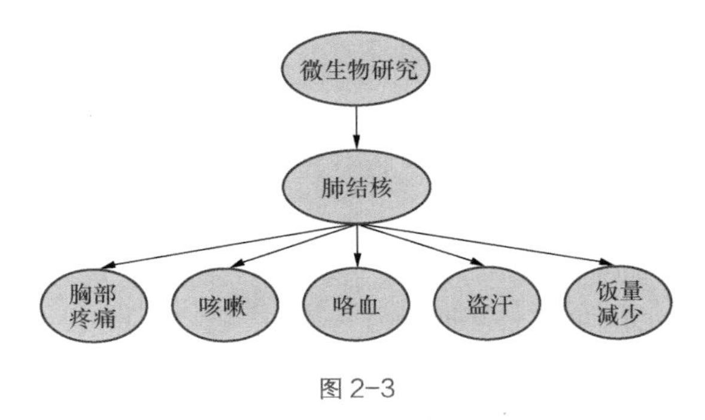

图 2-3

我们完成的操作是概率图模型非常重要的方面：我们把两个子模型连接在一

起得到一个更加复杂，而且可以更有效地捕捉信息的大模型。事实上，我们可以在同一个图中添加更多症状和疾病，以便可以区分诸如肺结核和肺炎以及其他包含类似症状的疾病。通过计算给定症状下每个疾病的后验概率，医生可以判断采取什么医疗方案来应对最可能的疾病。这种形式的概率图模型有时也叫作**概率专家系统**。

概率图模型的基本结构

我们继续研究图模型中的结构和模式，包括结构的类型和属性。我们会通过多个 R 程序包实现和展示其中的结果和模式，进而结束这一部分。

如果同一个事实有很多原因，这些原因会在图中指向事实。在变量数目不多的情况下这个结构非常常见。确实，假设我们有原因 $C_1 \sim C_n$，它们都是二元变量，以及事实 F，它也是二元变量。正如我们在第 1 章看到的，相应的（局部）概率分布是：$P(F|C_1,C_2,\ldots,C_n)$。

注意到所有的变量都是二元的，我们希望表示成一个带有 2^{n+1} 个值的表[①]。如果 n=10，这个值事实上并不大，我们只需要 2 048 个值！这就需要确定大量的概率。如果我们有 31 个原因，$2^{31+1}=2^{32}$=4 294 967 296!!!

是的，你需要 40 亿个值表示 31 个原因和 1 个事实。使用标准的双精度浮点值，这将会占用计算机 34 359 738 368 字节的内存，也就是 32GB！对于这么小的一个模型，这已经过于庞大了。如果你的变量不仅拥有两个值，而是拥有 k 个值，你就需要 k^{n+1} 个值，来辨识之前的条件概率。这个数字太大了！

图 2-4 展示了原因。

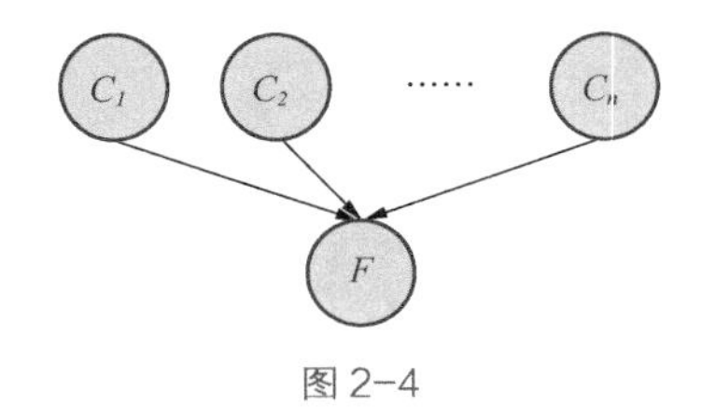

图 2-4

我们可以进一步在原因上推理，因为其中一些原因并没有直接与事实关联，而是引起了其他的原因。在这种情况下，我们给出原因的层级，如图 2-5 所示。

① 英文版为 $2n+1$，有误。

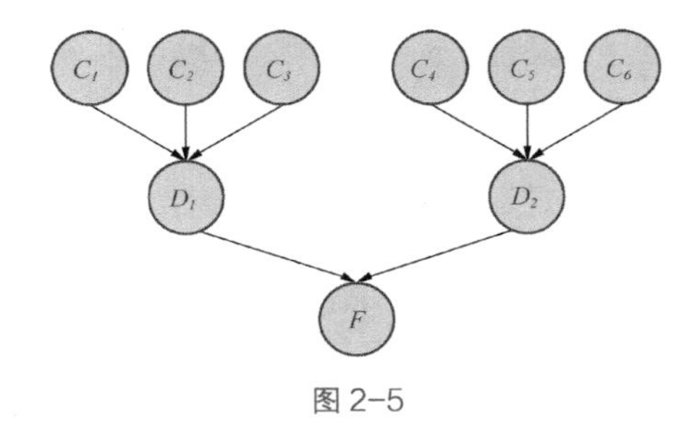

图 2-5

在这个例子中，我们处理了 8 个原因，但是每一个局部条件概率，例如 $P(D_1|C_1,C_2,C_3)$ 最多只涉及 4 个变量。这就容易处理了。

当我们查看变量的序列时，我们想到了另一个结构。这个结构不会捕捉因果关系而是捕捉变量在时间上的顺序。这也是一种非常常见的结构。假设我们有一个随机变量来表示系统在时间 t 上的状态，并假设系统的当前状态可以预测下一刻的状态。因此，我们可以在给定上一个状态 $P(X_t|X_{t-1})$ 的情况下，其中 t 和 $t-1$ 表示时间，回答当前系统状态的概率分布。

接着，假设在每一个时刻，设想的系统都会生成一个值，或者换句话说，我们可以间接地观察系统。这个观察结果不是系统的状态，而是对其有直接依赖的信息。因此确定概率 $P(O_t|X_t)$ 也是合理的，其中 O 是依赖于状态的观察结果。最后，我们把这些讨论放在一起，如图 2-6 所示。

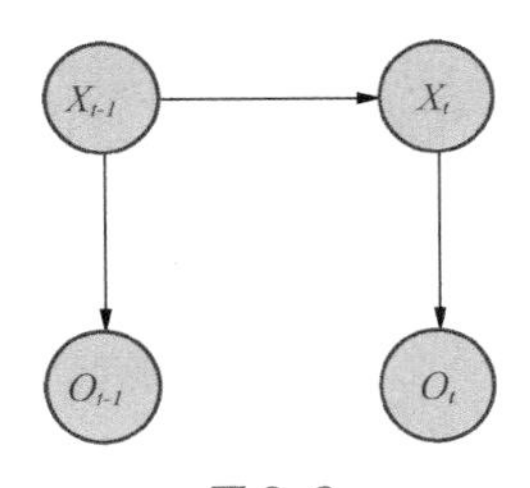

图 2-6

根据随机变量 X 和 O 的类型不同，这个图有几个名字。当变量是离散的，正如之前所述，这个模型也叫作**隐马尔可夫模型（Hidden Markov Model）**，即状态不能被直接观察到（隐藏的）的**马尔可夫模型（Markov Model）**。马尔可夫模型是这样一种模型，它的当前状态只依赖于之前的状态。在这个图中，X_t 只依赖于 X_{t-1}，这一事实清楚地建模了马尔可夫的特性这个属性。当所有的变量服从高斯分布（而且不是离散的），这就是著名的**卡尔曼滤波器（Kalman filter）**！

概率图模型引人注目的地方是遗产模型，这也可以表示成图模型。

你一定还记得这样一个图，边都是有向的（箭头表示），而且有环。从哲学的角度讲，这意味着一个结果可能是原因的原因，这有点矛盾。这也说明你的表示概率分布的分解公式可能不完整，这在数学上是错误的。例如你不能写成 $P(ABC)=P(A|B)P(B|C)P(C|A)$。

在下一节中，我们会看到如何在给定任何图形中其他变量后，计算后验概率。但是在此之前，让我们看最后一幅图，它是之前图形的综合，如图 2-7 所示。

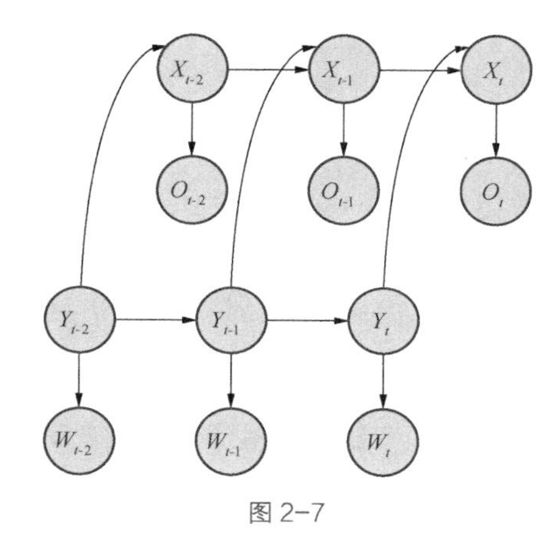

图 2-7

这个图形很有意思，它在同一个图中结合了两个隐马尔可夫模型。但是其中一个，Y，也是另一个模型 X 的状态的原因。这是非常有力的结合。我们可以执行逆向训练和写出这个图形的联合概率分布：

$$P(\chi)=P(Y_{t-2})\cdot P(W_{t-2}|Y_{t-2})$$

$$P(Y_{t-1}|Y_{t-2})\cdot P(W_{t-1}|Y_{t-1})$$

$$P(Y_t|Y_{t-1})\cdot P(W_t|Y_t)$$

$$P(X_{t-2}|Y_{t-2})\cdot P(O_{t-2}|X_{t-2})$$

$$P(X_{t-1}|Y_{t-1}, X_{t-2})\cdot P(O_{t-1}|X_{t-1})$$

$$P(X_t|Y_t, X_{t-1})\cdot P(O_{t-1}|X_{t-1})$$

2.2 变量消解

之前的例子令人印象深刻，而且似乎有些复杂。在这一节中，我们会看到如何处理复杂的问题，并在任一模型上执行推断。事实上，我们会看到事情并不像想象的那么完美，还是有一些限制。而且，正如我们在第 1 章看到的，当人们处理推断问题时，他需要面对一个 NP- 困难问题，即导致算法有指数级的时间复杂度。

然而我们有动态编程算法可以在需要推断问题中达到相当高的效率。

回忆一下，推断是指给定模型中变量子集的观测值后，计算其他变量子集的后验概率。解决这个问题通常意味着我们可以选取任一不相交的子集。

设 χ 是图模型中所有变量的集合，Y 和 E 是两个不相交的变量子集，$Y,E \subset \chi$。我们把 Y 当作查询子集，也就是需要知道其中变量的后验概率，把 E 作为观测子集，也就是其中的变量都有观测值，也称为证据（所以记作 E）。

因此根据第 1 章中概率推理中的贝叶斯理论，得到一个查询的一般形式是 $P(Y|E=e)=\frac{P(Y,e)}{P(e)}$。事实上，$P(Y,e)$ 可以看作 Y 上的函数，使得 $P(Y,E=e) \rightarrow P(y,e)=P(Y=y,E=e)$——即同时有 $Y=y$ 和 $E=e$ 的概率。

最后，我们可以定义 $W=X-Y-E$，即图模型中既不是查询变量又不是观测变量的变量子集。然后我们可以计算 $P(y,e)=\sum_{w\in W} P(y,e,w)$。如果我们沿 W 进行边缘化，我们只有 $P(Y,E)$。

如果使用同样的推理，我们也可以计算证据 $P(E=e)$ 的概率，例如 $P(e)=\sum_y P(Y,e)$。

因此贝叶斯推理的一般机制是沿着不需要的和观测到的变量进行边缘化，只剩下要查询的变量。

让我们看一下图 2-8 所示的简单例子。

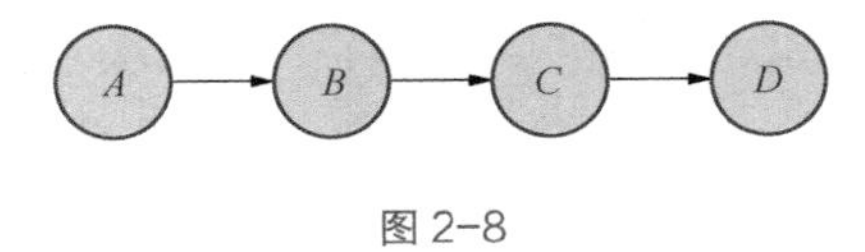

图 2-8

这个图模型编码了下列概率分布：

$$P(ABCD)=P(A)\cdot P(B|A)\cdot P(C|B)\cdot P(D|C)$$

这是一个非常简单的推理链，可以用来展示变量消解算法。正如我们之前看到的，图中的每一个节点都关联了一个潜在的函数，这个函数在类似于此的有向图中就是，给定父节点 $P(A)$、$P(B|A)$、$P(C|B)$ 和 $P(D|C)$ 情况下的条件概率。如果 $P(A)$ 可以直接从图中的关联函数中读出，$P(B)$ 就需要通过沿 A 边缘化计算得出：$P(B)=\Sigma_a P(B|a)P(a)$。

它看起来很简单，但是也可以变得计算量很大（好吧，也许没那么大）。如果 $A\in\mathbb{R}^k$，$B\in\mathbb{R}^m$（即，A 有 k 个可能的值，B 有 m 个可能的值），执行之前的求和需要 $2m\cdot k-m$ 次操作。为了理解这个论断，我们写出求和公式：

$$P(B=i)=\sum_a P(a)P(B=i|a)$$

$$=P(A=1)P(B=i|A=1)+$$

$$P(A=2)P(B=i|A=2)+$$

$$\cdots$$

$$P(A=k)P(B=i|A=k)$$

这个公式需要计算 B 的每一个 m 值。

完成这个操作后，我们边缘化 A。我们可以说，得到了一个等价的图模型，如图 2-9 所示。

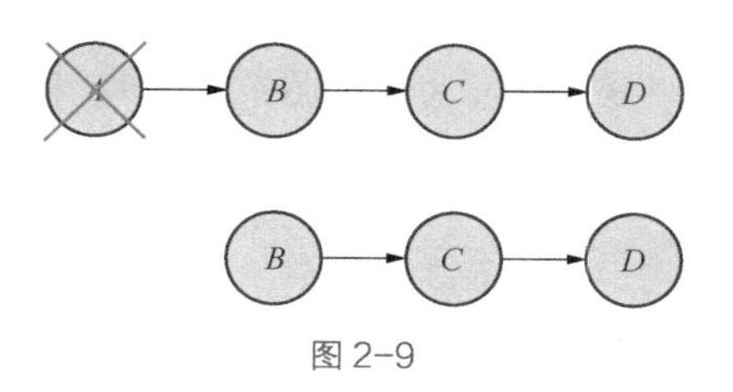

图 2-9

这里，B 的分布已经通过 A 的信息进行了更新。如果我们想找出 C 的边缘分布，我们可以使用相同的算法，获取 $P(C)$。同样，我们可以获得 $P(D)$。最终，为了获取 $P(D)$，我们所做的一切有下列完整求和形式：

$$P(D)=\sum_c\sum_b\sum_a P(A)\cdot P(B|A)\cdot P(C|B)\cdot P(D|C)$$

但是，因为每一次求和中我们只需要关注特定的变量，我们可以重写求和公式：

$$P(D)=\sum_{c} P(D|C)\sum_{b} P(C|B)\sum_{a} P(A)P(B|A)$$

这极大地简化了计算量，因为求和操作只需要使用局部分布。作为练习，我想让读者展示，对于给定的概率图模型，表示$\mathbb{R}^k$中n个变量的链，然后计算复杂度只有$O(k^n)$。注意，O记号表示，计算时间的上界与括号中的函数成比例（也称作最差时间复杂度）。很明显，这个方案已经很有效。

这个例子中的主要思想是，我们可以对变量求和，并在下一步中重用之前的结果。理想情况下，我们希望对任何图形使用同样的思想，然后通过暂存中间结果来逐步消解变量。这是可以做到的，因为得益于图模型的结构，每一个求和步骤中的表示只依赖少数变量，我们可以把结果沿着图中的路径暂存起来。

2.3 和积与信念更新

在计算一个变量（或者变量子集）的分布时，主要操作是边缘化。边缘化通过在一个变量（或者变量子集）上求和来把变量从表达式中消解出去。如果我们把φ叫作联合概率分布分解中的一个因子，我们可以使用如下属性，像之前章节中看到的，来泛化和优化变量消解算法：

- 对称律：$\varphi_1\varphi_2=\varphi_2\varphi_1$。
- 结合律：$(\varphi_1\cdot\varphi_2)\cdot\varphi_3=\varphi_1\cdot(\varphi_2\cdot\varphi_3)$。
- 如果$X\notin\varphi_1$：$\sum_X(\varphi_1\cdot\varphi_2)=\varphi_1\sum_X\varphi_2$。

如果我们再次使用这些属性，处理之前章节中的联合分布$P(ABCD)$，我们有：

$$P(D)=\sum_C\sum_B\sum_A \varphi_A\varphi_B\varphi_C\varphi_D$$

$$=\sum_C\sum_B \varphi_C\varphi_D\left(\sum_A \varphi_A\varphi_B\right)$$

$$=\sum_C \varphi_D\left(\sum_B \varphi_C\left(\sum_A \varphi_A\varphi_B\right)\right)$$

最后，反复出现的主要表达式是在一个因子上的和积结果，可以写作 $\sum_Z \prod_{\varphi \in \Phi} \varphi$。

因此，通常如果我们可以找到有向图模型中因子或变量的优质顺序，正如之前看到的，我们就可以使用和积公式，逐步消解每一个变量直到得到想要的子集。

顺序必须可以边缘化每一个包含待消除变量的因子，生成可以再次使用的新因子。

一种可能的执行方式是使用下列算法（《概率图模型》（*Probabilistic Graphical Models*），D. Koller，N. Friedman，2009，MIT 出版社），叫作**和积变量消解算法（Sum-product Variable Elimination Algorithm）**：

- Φ：因子集合。
- *Z*：要消解的变量集合。
- ≺：*Z* 上的序。

1. 设 $Z_1, \ldots, Z_k$ 是 Z 上的序，满足 $Z_i \prec Z_j$ 当且仅当 $i < j$。
2. 循环 $i=1, \ldots, k$。
3. $\Phi = SumProductEliminateVar(\Phi, Z_i)$。
4. $\varphi^* = \prod_{\varphi \in \Phi} \varphi$。
5. 返回 φ^*。

这个算法执行如下：当收到消解变量或因子的顺序后，对每一个变量（或因子）使用算法消解变量并使用这个函数（后面会定义）的结果缩小因子集合。然后乘以剩下的因子并返回结果。

子过程如下，目的是一次消除一个变量：

和积消解算法（Φ：因子集合，*Z*：要消解的变量）：

1. $\Phi' = \varphi \in \Phi : Z \in Scope(\varphi)$。
2. $\Phi'' = \Phi - \Phi'$。
3. $\Psi = \prod_{\varphi \in \Phi'} \varphi$。

4. $\tau=\sum_{Z}\Psi$。

5. 返回$\Phi''\cup\{\tau\}$。

第二个步骤就是完成了我们在之前的例子中逐步消解的行为。这个思想首先乘上变量 Z 出现时的潜在函数，然后边缘化（第 4 行）消解变量 Z。最后，算法返回因子集合，这集合已经去掉所有包含 Z 的因子（第 2 行）。新的和积因子通过对 Z 的边缘化得到，并添加进来（第 5 行）。同时注意，第 1 行选取了包含所有待消解的变量 Z 的因子。

最后，当这个过程按变量顺序执行，我们可以逐个消解变量直到获得期望的子集。

让我们看看这个过程在下列例子上是如何工作的，如图 2-10 所示。

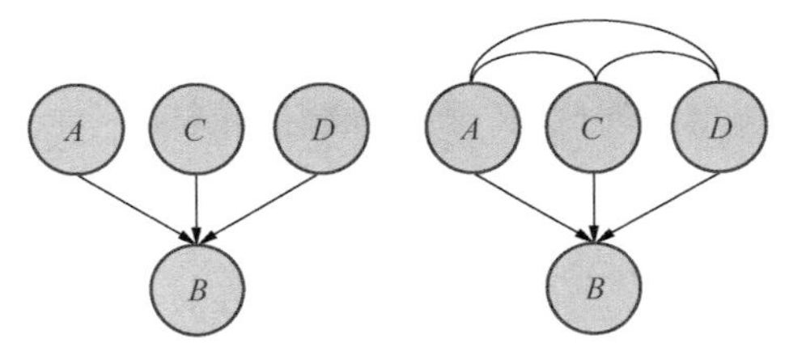

图 2-10

这是分解形式：$P(ABCD)=P(A)\cdot P(B|A)\cdot P(C|B)\cdot P(D|C)$。条件概率分布由如下矩阵定义：

```
A =matrix(c(0.8, 0.2), 2, 1)
B =matrix(c(0.6, 0.4, 0.3, 0.7), 2, 2)
C =matrix(c(0.5, 0.5, 0.8, 0.2), 2, 2)
D =matrix(c(0.3, 0.7, 0.4, 0.6), 2, 2)
```

条件概率分布用矩阵中的列表示。例如，B 是：

```
      [,1]  [,2]
[1,]  0.6   0.3
[2,]  0.4   0.7
```

要消解的变量集合是 $\{A,B,C\}$，因此最终获得的是 D 的边缘概率分布。我们可以逐步使用算法：

1. 首先消除顺序中的 A，获得 $P(B,C,D)$，因此我们需要边缘化 A：

$$A^{\mathrm{T}} \cdot B^{\mathrm{T}} = (0.8 \quad 0.2) \times \begin{pmatrix} 0.6 & 0.4 \\ 0.3 & 0.7 \end{pmatrix} = \begin{pmatrix} 0.48 + 0.06 \\ 0.32 + 0.14 \end{pmatrix} = \begin{pmatrix} 0.54 \\ 0.46 \end{pmatrix} = B^*$$

2．执行同样的过程，复用之前的结果，继续消解 B 获得 $P(C,D)$。在第一个算法的第 3 行中，你可以看到通过 φ 调用 SumProductEliminateVar 的结果指派给了 φ。这里使用了之前步骤的结果：

$$B^{*\mathrm{T}} \cdot C^{\mathrm{T}} = (0.54 \quad 0.46) \times \begin{pmatrix} 0.5 & 0.5 \\ 0.8 & 0.2 \end{pmatrix} = \begin{pmatrix} 0.638 \\ 0.362 \end{pmatrix} = C^*$$

3．现在，我们只剩下两个变量 C 和 D，我们需要使用第二个算法中的同样步骤消解 C：

$$C^{*\mathrm{T}} \cdot D^{\mathrm{T}} = (0.638 \quad 0.362) \times \begin{pmatrix} 0.3 & 0.7 \\ 0.4 & 0.6 \end{pmatrix} = \begin{pmatrix} 0.3362 \\ 0.6638 \end{pmatrix} = P(D)$$

在 R 中，你可以使用下列代码，迅速地得到结果：

```
Bs =t(A) %*%t(B)
Cs =Bs %*%t(C)
Ds =Cs %*%t(D)
Ds
        [,1]    [,2]
[1,] 0.3362 0.6638
```

最后，我们还有 3 个问题：

- 如果我们观察到一个变量，该如何计算其他变量子集的后验概率？
- 是否可能自动找出变量的最优（或者至少非常高效）序列？
- 如果存在这样的序列，我们是否可以应用到任何类型的图中，特别是带有回路的图中？

第一个问题的答案很简单，我们只需要通过实例化 $\varphi[E=e]$ 替换每一个因子 φ。但是如果我们使用之前的算法，我们会得到 $P(Z,e)$，其中 Z 是查询子集。所以我们还需要正则化，根据贝叶斯公式，获取期望的后验条件概率。

之前的算法可以扩展成如下形式：

- $\alpha = \sum_{Z \in Val(Z)} \varphi^*(y)$，其中 $\varphi^*=P(Z,e)$ 是之前计算的边缘分布。

- $P(Y|e)=\dfrac{P(Y,e)}{P(e)}=\dfrac{\varphi^*}{\alpha}$。

我们会在本章中，使用一种叫作联结树的算法回答第二和第三个问题。这个算法也是当今概率图模型中最基础的算法。它试图把任何类型的图形转换成具有变量聚类的树中。这样我们就可以使用之前的算法，同时保证最优顺序和最小化的计算成本。

2.4 联结树算法

在这一节中，我们会对概率图模型中的主要算法有个大概了解。它叫作联结树算法。这个名字是来源于下列事实：在执行数值计算之前，我们会把概率图模型转换为一个树，它的一些属性保证后验概率的高效计算。

算法的其中一个特点是，不仅计算查询中的后验概率分布，它还计算所有其他未被观察到的变量后验概率分布。因此，对于同样计算代价，我们可以得到任何变量的分布。

为了得到这样的结果，联结树算法结合了信念传播和之前和积算法的效率，以及变量消解过程的通用性。事实上，变量消解算法可以用在任何类型的树上（除了带有回路的图中），和积算法可以保存中间结果以便使计算高效。因为变量消解算法只能用在树中，我们需要把带有回路的图转换为表示等价分布分解形式的树。

联结树算法基于下列思想。让我们还以之前熟悉的例子为例，$P(ABCD)=P(A)\cdot P(B|A)\cdot P(C|B)\cdot P(D|C)$，对每一个因子使用贝叶斯规则：

$$P(ABCD)=P(A)\cdot\frac{P(A,B)}{P(A)}\cdot\frac{P(B,C)}{P(B)}\cdot\frac{P(C,D)}{P(C)}=\frac{P(A,B)\cdot P(B,C)\cdot P(C,D)}{P(B)\cdot P(C)}$$

这个公式非常有意思，因为我们把集合 $\{A,B\}$、$\{B,C\}$ 和 $\{B,C\}$、$\{C,D\}$ 交集中的变量作为分母。这种初始分解的重参数化是转换图模型和在转换结果上进行推断的重要指标。$P(B)$ 和 $P(D)$ 是上述集合之间分子的概率分布，也就是说，可用的聚类交集。

当然，这并非一直通用的方法，但是是从图模型构建树模型，并执行推断的有用观察结果。

联结树的构建经过 4 个步骤，最终把图模型转换成树。

1．对图模块化，包括使用无向边连接每一个结点的父节点对，如图 2-11 所示。

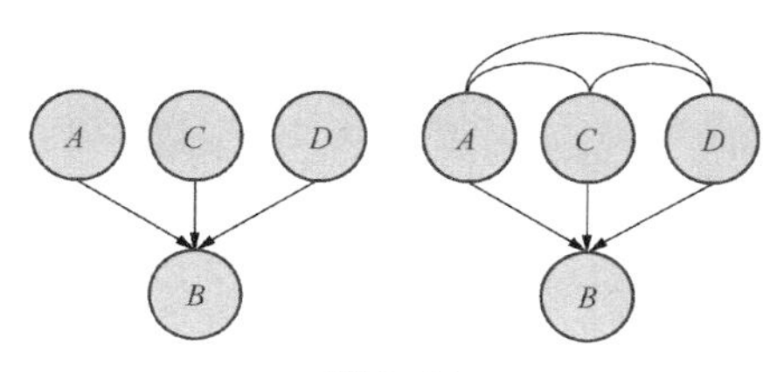

图 2-11

2．然后图形被转换成一个无向图，其中每一个箭头都被一般的边替代。前两步操作的结果是每一个变量（图中的结点）和父节点现在都在同一个团中，即所有的结点都在相互连接的子图中。

3．接着对图三角化：当图有回路时，变量消解的结果以及导出图的再表示等价于给两个属于同一个无向回路的变量添加边。我们之前看到一个简单的例子：消解变量 A 得到新图。当图有回路时，这个消解步骤等价于给两个结点添加套索。我们需要首先在图中执行这个步骤。如图 2-12 所示，虚线来源于三角化，而实线源自之前的两步。

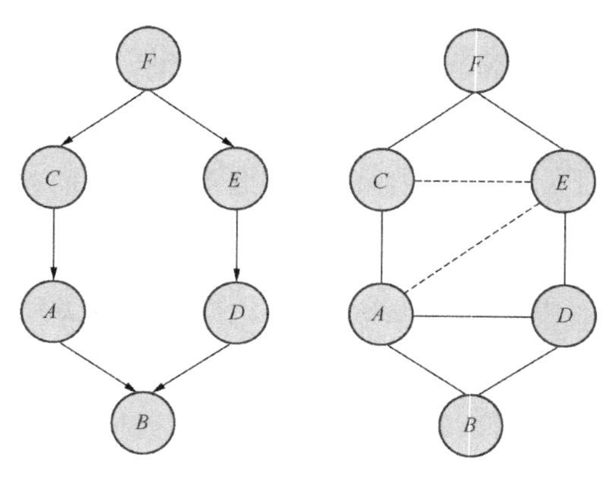

图 2-12

4．最后一步会把三角化的图转换为一个聚类树，其中每个结点表示变量子集中的因子。子集由图中的每一个团决定。在每一个聚类结点之间，我们还有另外一种结点，叫作分隔结点。回忆一下本节开始时第一个简单的例子，当时我们使用类似的技术重参数化了模型：这里也执行了同样的操作，但是是在任意类型的图形上。聚类树的计算如下：

- 找出三角化图中每一个团，并从这些团给单个节点加入新的节点。
- 计算图上的最大扩展树。联结树就是一个最大扩展树。

因此从得到的聚类树，或者说是联结树上，我们有两种类型的结点：聚类结点和分隔结点。更一般的是，类似于我们最开始的例子，联结树的概率分布等于：

$$P(\chi)=\frac{\prod_{c\in C}\varphi(c)}{\prod_{s\in S}\varphi(S)}$$

其中 $\varphi(c)$ 是联结树每一个聚类的因子，$\varphi(S)$ 是联结树每一个分隔的因子。让我们从《贝叶斯推理和机器学习》（D.Barber, 剑桥大学出版社，2012）的一个例子中看一下完整转换的过程，如图 2-13 所示。

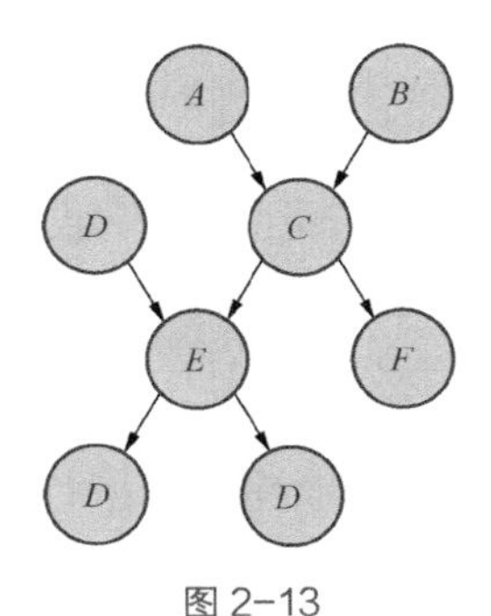

图 2-13

现在，基于初始图形的三角化的无向图如图 2-14 所示。

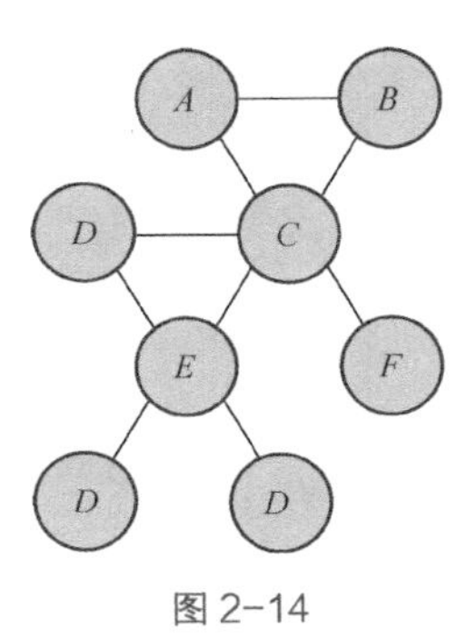

图 2-14

最终，联结树如图 2-15 所示。

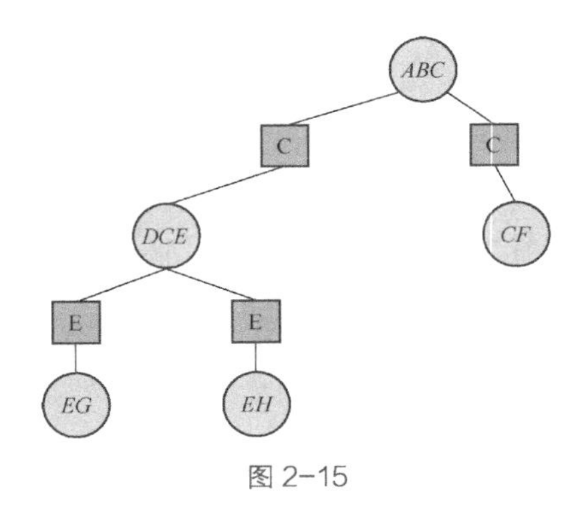

图 2-15

联结树上的推断是通过从一个聚类传递信息给另一个聚类实现的，传递的路径有两种：自顶向下和自底向上。完成聚类之间的完整信息更新后，每一个聚类都会包含自身变量的后验概率分布（例如，例子中顶层结点的 $P(ABC)$）。最后，找出任意变量的后验概率都可以归结为对其中一个聚类使用贝叶斯规则，并边缘化我们不感兴趣的那些变量。

联结树的实现算法是一个复杂的任务，但是幸运的是，一些 R 程序包已经包含了完整的实现过程。你也用过它们了。在第 1 章中，我们看一些使用 *gRain* 程序包进行贝叶斯推断的简单例子。推断算法就是联结树算法。

作为练习，我们会使用之前的一个例子构建一个试验。例子中包含变量 A、B、C、D、E 和 F。简单起见，我们会考虑每一个变量都是二元的，以便我们不用处理太多的值。我们会假定下列分解过程：

$$P(ABCDEF)=P(F)\cdot P(C|F)\cdot P(E|F)\cdot P(A|C)\cdot P(D|E)\cdot P(B|A,D)$$

这个公式可以用图 2-16 表示。

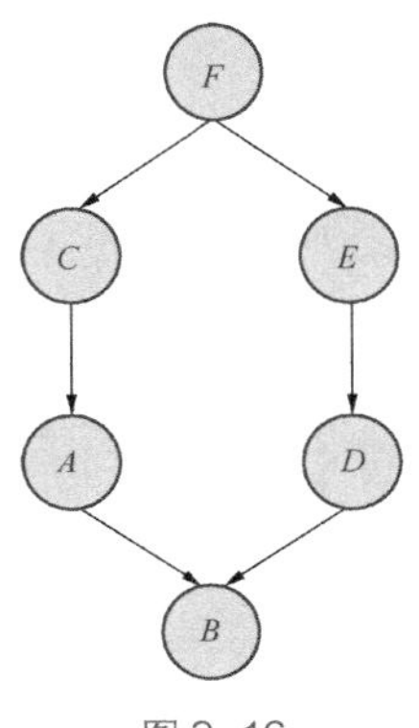

图 2-16

我们首先给 *R* 加载 *gRain* 程序包：

```
library(gRain)
```

然后创建从 *A* 到 *F* 的随机变量集合：

```
val =c("true", "false")
F =cptable(~F, values =c(10, 90), levels = val)
C =cptable(~C |F, values =c(10, 90, 20, 80), levels = val)
E =cptable(~E |F, values =c(50, 50, 30, 70), levels = val)
A =cptable(~A |C, values =c(50, 50, 70, 30), levels = val)
D =cptable(~D |E, values =c(60, 40, 70, 30), levels = val)
B =cptable(~B |A:D, values =c(60, 40, 70, 30, 20, 80, 10, 90), levels = val)
```

也许你还记得，函数 *cptable* 创建一个条件概率表，它是离散变量的因子。与每一个变量关联的概率只取决于和服务于当前的例子。

因为，我们在创建条件概率表的时候已经给出了每一个变量的父节点，我们也就完全定义了我们的图。因此，接下来就是计算联结树。在大多数程序包中，计算联结树都是通过调用一个函数完成的。算法会在一次运行中完成所有的事情：

这里，我们运行如下命令：

```
plist =compileCPT(list(F, E, C, A, D, B))
plist
```

检查已经正确编译到概率图模型中的变量列表，从之前的代码中获取列表：

```
CPTspec with probabilities:
P( F )
P( E |F )
P( C |F )
P( A |C )
P( D |E )
P( B |A D )
```

这里事实上是概率分布的分解过程，如前所述。如果我们想进一步检查，我们可以查看一些变量的条件概率：

```
print(plist$F)
print(plist$B)
```

结果如同设想的一样，条件概率表如下：

```
F
 true false
```

```
0.10.9
, , D =true

      A
B         true false
  true    0.6   0.7
  false  0.4    0.3

, , D =false

      A
B         true false
  true    0.2   0.1
  false  0.8    0.9
```

第二个输出有些复杂，但是如果你仔细看一下会发现两个分布：$P(B|A,D=true)$ 和 $P(B|A,D=false)$。它们比 $P(B|A,D)$ 要易读。

最终，我们创建了图模型，并通过下列命令调用联结树算法：

```
jtree =grain(plist)
```

再次检查得到的结果：

```
jtree
Independence network:Compiled:FALSE Propagated:FALSE
  Nodes:chr [1:6] "F" "E" "C" "A" "D" "B"
```

现在，你会想，就这么多吗？是的。有了联结树的图表示，你就可以执行任何可能的推理。而且，你只需要计算联结树一次。所有的查询都可以使用同一个联结树。当然，如果你改变了联结树，你就要重新计算。让我们执行几个查询：

```
querygrain(jtree, nodes=c("F"), type="marginal")
$F
F
 true false
0.1   0.9
```

如果你需要 F 的边缘分布，你会拿到初始的条件概率表，因为 F 没有父节点。至少我们知道这个过程是可行的！

```
querygrain(jtree, nodes=c("C"), type="marginal")
$C
C
```

```
 true  false
0.19   0.81
```

这更加有意思，因为当我们在给定 F 的情况下，只声明 C 的条件概率分布时，它计算了 C 的边缘分布。我们不需要复杂的算法，例如联结树算法来计算这么小的边缘分布。之前看到的变量消解算法也足够了。

但是如果你需要 B 的边缘分布，变量消解就不够用了，因为图中有环。然而联结树算法可以给出下列结果：

```
querygrain(jtree, nodes=c("B"), type="marginal")
$B
B
    true      false
0.478564  0.521436
```

我们可以查询更加复杂的分布，例如 B 和 A 的联合概率分布：

```
querygrain(jtree, nodes=c("A","B"), type="joint")
       B
A             true      false
  true   0.309272  0.352728
  false  0.169292  0.168708
```

事实上，任何联合分布都可以给出：

```
querygrain(jtree, nodes=c("A","B","C"), type="joint")
, , B =true

        A
C             true      false
  true   0.044420  0.047630
  false  0.264852  0.121662

, , B =false

        A
C             true      false
  true   0.050580  0.047370
  false  0.302148  0.121338
```

现在我们想观察变量并计算后验分布。假设 F=true，我们想把这个信息传播到网络中的其余部分：

```
jtree2 =setEvidence(jtree, evidence =list(F ="true"))
```

我们可以再次查询网络：

```
querygrain(jtree, nodes=c("F"), type="marginal")
$F
F
  true false
0.1    0.9
querygrain(jtree2, nodes=c("F"), type="marginal")
$F
F
  true false
     1     0
```

这个查询最有意思：在 jtree 的第一个查询中，我们有 F 的边缘分布；在 jtree2 的第二个查询中，我们有 ... P(F=true) = 1!!! 事实上，我们可以在网络中设置一个证据，即 F=true。这样概率就是 1 了。更加有趣的是，我们可以查询联合分布或者边缘分布：

```
querygrain(jtree, nodes=c("A"), type="marginal")
$A
A
 true false
0.662 0.338

querygrain(jtree2, nodes=c("A"), type="marginal")
$A
A
 true false
 0.68  0.32
```

这里我们看到 F=true 改变了 A 上的边缘分布（第二个查询再次使用 jtree2，即带有证据的树）。

我们可以查询任何其他的变量（看看结果有什么不同）：

```
querygrain(jtree, nodes=c("B"), type="marginal")
$B
B
    true     false
0.478564  0.521436

querygrain(jtree2, nodes=c("B"), type="marginal")
$B
B
```

```
  true  false
0.4696 0.5304
```

最后，我们可以设置更多证据并在网络中把它们进行前向和后向传播，也可以计算逆概率：

```
jtree3 =setEvidence(jtree, evidence =list(F ="true", A ="false"))
```

这里我们设 F=true，A=false 并再次查询网络，看看设置证据前后结果的不同：

```
querygrain(jtree, nodes=c("C"), type="marginal")
$C
C
 true false
 0.19  0.81

querygrain(jtree2, nodes=c("C"), type="marginal")
$C
C
     true     false
0.0989819 0.9010181

querygrain(jtree3, nodes=c("C"), type="marginal")
$C
C
   true   false
0.15625 0.84375
```

正如期望的，知道 A 和 F 的值可以极大地改变 C 的概率分布。作为练习，读者可以设置 F 的证据（然后是 B），看看 A 的后验概率的变化。

2.5 概率图模型示例

在最后一部分中，我们会给出几个概率图模型的例子。它们都是理解精确推断的优秀示例。这一部分的目的是展示实际的但是简单的例子，给读者提供一些开发自己模型的思路。

2.5.1 洒水器例子

这是一个在很多书本中提到的久远的例子。它很简单，但是可以展示一些推理过程。

假如我们在照看花园，草地是湿的。我们想知道草地为什么是湿的。有两种可能：之前下过雨或者我们忘记关掉洒水器。而且，我们可以观察天空。如果是多云天气，就有可能之前下过雨。但是，如果是多云天气，我们很有可能不会打开洒水器。因此在这个例子中，我们更有可能相信，我们并非忘记关掉洒水器。

这是一个因果推理的简单例子，可以用概率图模型表示。我们可以确定 4 个随机变量：cloudy, sprinkler, rain 和 wetgrass。每一个都是二元变量。

我们可以给出所有的先验分布。例如，P(cloudy=true) = P(cloudy=false) =0.5。

对于其他的变量，我们可以设定条件概率表。例如，变量 rain 可以按照表 2-1 定义。

表 2-1

cloudy	P(rain=T | cloudy)	P(rain=F | cloudy)
True	0.8	0.2
False	0.2	0.8

读者可以想象一下其他概率表。

概率图模型如图 2-17 所示。

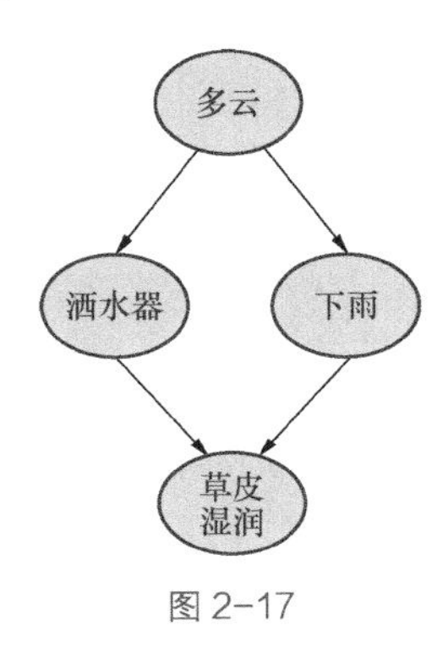

图 2-17

2.5.2　医疗专家系统

表示医疗知识的一种方法是把症状和原因连接起来。背后的推理是证明这些原因可以导致可观测的症状。问题是我们有很多症状，而且它们中有许多的原因都是相同的。

用概率图模型表示医疗知识库的思想包括两层节点：一层是原因节点，一层是症状节点。

每个节点的条件概率表都会强化或弱化症状和原因之间的连接，以便更好地表示每个症状最可能的原因。

依据关联的复杂程度，模型可能是优良的推理模型，也可能是欠佳的模型而不利于精确推断。

而且，表示大型概率表可能会是个问题。因为，有太多的参数需要确定。然而，使用事实数据库，我们可以学习参数。在下一章中，我们会看到如何学习参数。

概率图模型如图 2-18 所示。

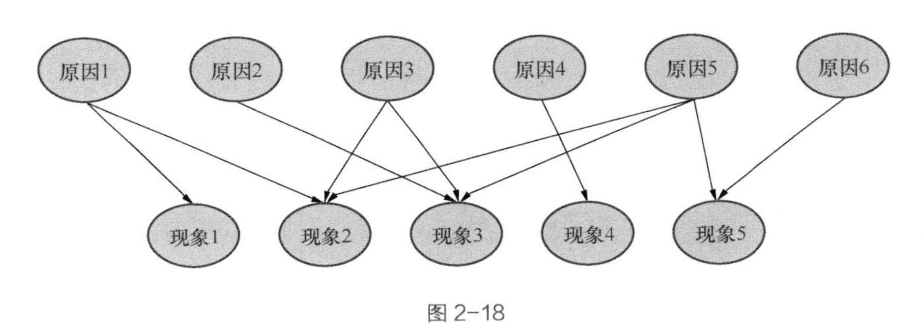

图 2-18

在这个模型中，我们看到**现象 2** 和**现象 3** 有 3 个父节点。在更实际的医疗模型中这样的父节点更多。例如，头痛症状可以由很多不同的原因引起。在这个例子中，使用近似方案来表示与点关联的条件概率表也是可能的。常用的模型叫 **Noisy-OR 模型**。

2.5.3 多于两层的模型

不像之前的例子，多于两层的模型在许多应用中更有意义，它拥有更深的因果推理过程，而且每一个节点上都有相应的原因和结果。对于理解问题本身的结构也很自然。

在这一类例子中，模型的复杂度并没有理论限制，但是我们通常会建议保证节点间的关系简单化。例如，每个节点拥有不超过 3 个父节点是比较好的策略。如果确实是这样，稍微深度地研究一下这些关系还是值得的，可以看看模型是否可能进一步分解。

例如，J. Binder, D. Koller, S. Russell 和 K. Kanazawa 的文章 *Adaptive Probabilistic Networks with Hidden Variables*，Machine Learning, 29(2-3):213-244, 1997, 介绍了一个模型可以用来估计一个汽车保险客户可能的声明损失。

在这种模型中，采用更多层的模型来表示关于汽车保险的知识。图 2-19 给出了这个模型，隐含节点用阴影表示，输出节点使用粗框表示。

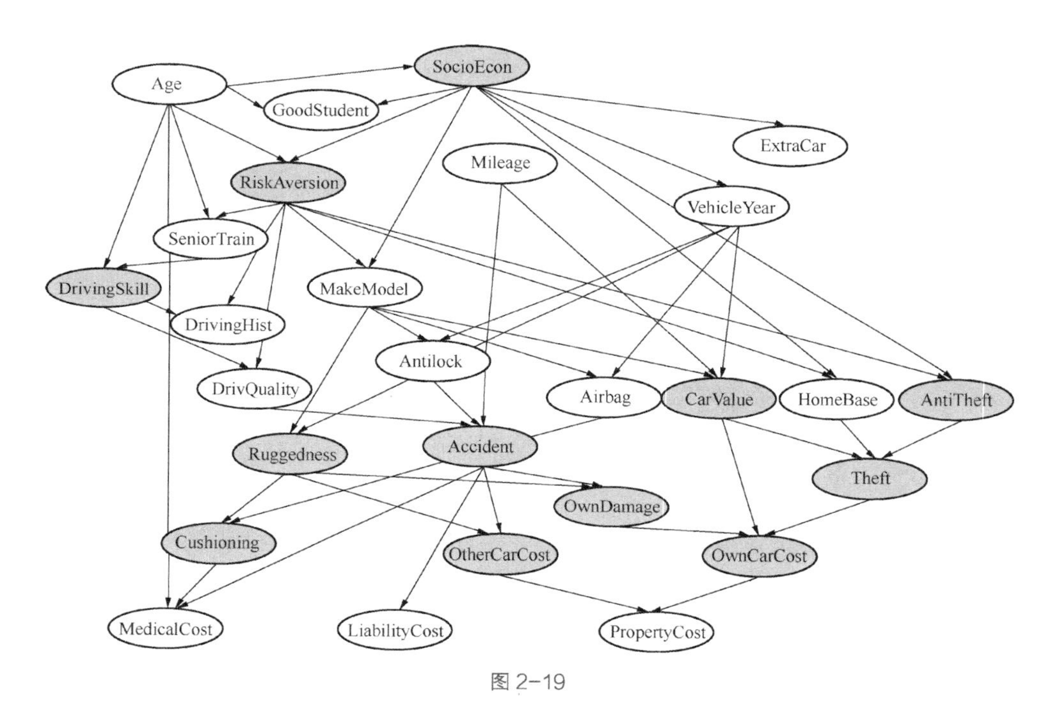

图 2-19

有时，模型可能会很复杂，但是依然可用。例如，S. Andreassen, F. V. Jensen, S. K. Andersen, B. Falck, U. Kjærulff, M. Woldbye, A. R. Sørensen, A. Rosenfalck 和 F. Jensen 的书 *MUNIN - an Expert EMG Assistant. In Computer-Aided Electromyography and Expert Systems*（Elsevier (Noth-Holland), 1989.）第 12 章设计了一个复杂的网络。

这里我们展示了一个非常大的概率图模型，它来自于 R 程序包 `bnlearn` 。

R 程序包 `bnlearn` 可以通过 CRAN 程序库获取，按照其他程序包一样的方法安装。

下图展示了之前文章中提到的模型。这个模型有 1 041 个节点和 1 397 条边。

很明显，手动设定所有的参数是不可能的。这种类型的概率图模型需要从数据中学习得到。但是它确实是一个很有意思的复杂模型，如图 2-20 所示。

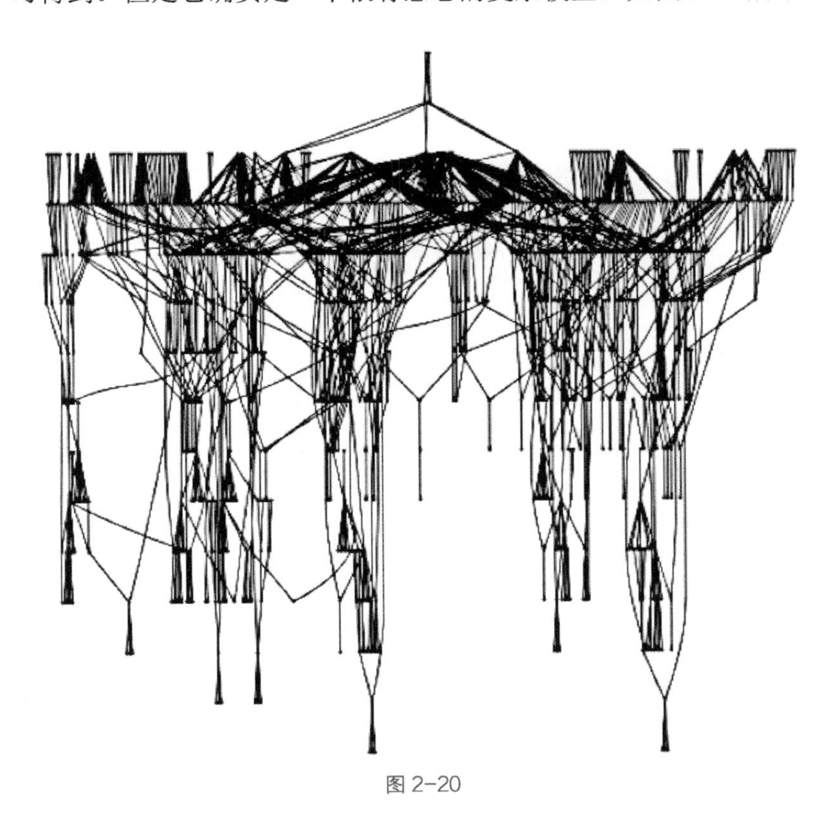

图 2-20

2.5.4 树结构

树结构的概率图模型是一种有意思的模型。它通常可以生成非常高效的推理。建模变量之间关系的思想很简单，每个节点都只有一个父节点，但是可以有很多子节点。

因此对于模型中的任意变量，我们一直在表示那些可以用 $P(X|Y)$ 编码的简单关系。

图 2-21 给出了这样一个模型。

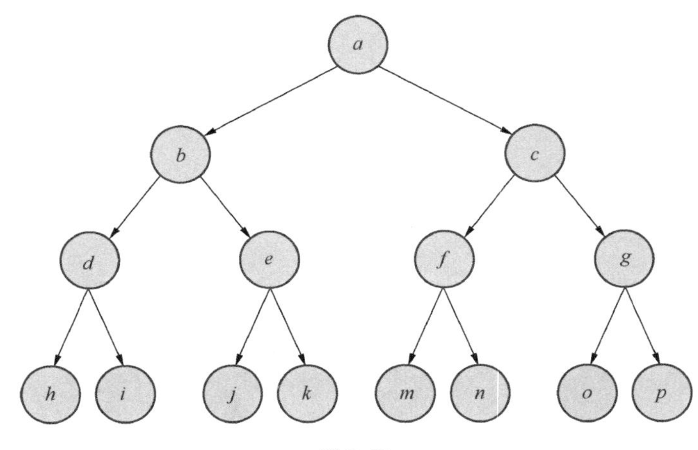

图 2-21

在这个模型中，由联结树算法生成的节点簇总是由两类节点构成：子节点和父节点。因此，这个模型可以保证联结树算法的复杂度较低，并支持快速推断。

当然，所有这些节点都可以连接在一起，如果问题需要的话可以形成更加复杂的模型。这些都只是例子，也鼓励读者开发自己的模型。读者可以首先理解关注节点之间因果关系是什么样的。

而且我们也可以挖掘领域的结构知识来设计新的模型。逐步方案通常是个不错的选择。读者可以从非常简单的仅有几个节点的模型开始，执行查询看看模型的表现如何，然后再扩展模型。

给这样的模型设定参数是个困难的事情，在下一章中，我们会研究算法来从数据中学习参数，使有效的概率图模型开发任务更加简单。

2.6 小结

在第 2 章中，我们介绍了推断的基础知识，并看到计算后验概率的最重要的算法：变量消解和联结树算法。我们学习了如何考虑因果关系、时序关系以及确定变量之间的模式来构建图模型。我们接触了图模型的一些基础特征，支持组合图形构建更加复杂的模型。我们学习了如何在 R 中使用联结树算法执行推断，并看到同样的联结树可以用到边缘分布和联合分布任何类型的查询。在最后一节中，我们看到几个现实世界的概率图模型例子。概率图模型通常是精确推断的优良备选方案。

在这一章里，我们在定义一个新的图模型时遇到了一个问题：确定参数很烦琐。事实上，即使在小型例子中，这个事情也很复杂。在下一章中，我们会学习如何从数据集中自动的找出参数。我们会介绍 **EM（Expectation Maximization，期望最大化）**算法，并尝试解决复杂问题：学习图本身的结构。我们会看到推断是所有学习机器算法中最重要的子任务，因此很有必要设计诸如联结树这种高效的算法。

第 3 章 学习参数

构建概率图模型大致需要 3 个步骤：定义随机变量，即图中的节点；定义图的结构；以及定义每个局部分布的数值参数。到目前为止，最后一步已经通过人工解决，我们可以手动给每个局部概率分布指定数值。在很多情形中，我们可以获取到大量数据，并使用叫作**参数学习**（**Parameter Learning**）的方法找出这些参数的取值。在其他领域中，这种方法也叫作**参数拟合**（**Parameter Fitting** ）或者**模型校准**（**Model Calibration**）。

参数学习是机器学习中的重要课题。在这一章中我们会看到如何使用数据集为给定的图模型学习参数。我们会从一个简单但是常见的例子开始，其中的数据完全可观测。然后进入一个复杂的例子，其中的数据部分可观测，需要更多先进的技术。

参数学习可以通过多个手段完成，问题本身没有终极解决方案，因为问题依赖于模型使用者的最终目的。尽管如此，人们还是经常使用最大似然率的思想，并最大化后验概率。既然已经熟悉了先验概率和后验概率的分布，那么读者对最大化后验概率也应该有一些认识。

在这一章中，我们会使用数据集。当模型中有许多变量时，我们在任何时候都可以观测到这些变量的取值。所有变量同一时刻的观察结果表示一个数据集。例如，我们有一个关于某位学生在大学中表现的模型。在这个模型中，我们有几个随机变量，例如年龄、课程、分数、性别和年份等。一个观察结果可以是`{21, Statistics, B+, female, 2nd year}`。一个数据集就是这些观测结果的大型集合。

在整个这一章中，我们会做一个假设，即数据集是 *i.i.d* 的，**独立同分布**（**Independently and Identically Distributed**）的缩写。这意味着每个变量都假设服从同样的概率分布，且每个观测又独立于数据集中的其他变量。对于刚才学生的例子，这也很自然。但是如果我们考虑时间序列数据集，例如一个国家的GDP，那么数据集就不是 *i.i.d* 的，相应的参数学习算法也不同。事实上，*i.i.d* 的数据集已经能够涵盖大量的应用了。

借助所有可能的方案，我们可以进一步讨论本章中的主要话题了。设 D 为数据集，θ 为图模型的参数，似然率函数为 $P(D|\theta)$，换句话说，即给定参数下观测到（或者生成）数据集的概率。这就是为什么概率图模型有时也叫作**生成模型（Generative Models）**。

最大似然估计目的是要找出参数 θ 的值，最大化似然率 $P(D|\theta)$。也可以写作 $\tilde{\theta}=argmax_{\theta}P(D|\theta)$。这是一个优化问题，即找到 θ 的最优值来最大化 $P(D|\theta)$。

如果想更准确地刻画 θ，我们可以采用贝叶斯方法，也给出参数 θ 的先验概率分布 $P(\theta)$。在这例子中，找出参数值可以分解为找出 $P(D|\theta)\cdot P(\theta)$ 的最大值。这个过程叫作**最大化后验概率（Maximum a Posteriori）**。

在这一章中，我们首先研究一下使用最大化似然率进行参数估计的简单例子，并给出 R 语言实现。然后，我们会看到概率图模型上的最大似然估计。最后，我们会研究更复杂的估计问题。这类问题可以包括数据缺失，可以是随机缺失，也可以是参数包括隐变量。这就需要我们介绍机器学习中最重要的一个算法——EM 算法。**EM** 意思是**期望最大化**。

本章结构如下：

- 一个简单例子的引入。
- 作为推断学习参数。
- 最大似然率。
- 期望最大化算法。

3.1 引言

在这一章中，我们会学到如何让计算机学习模型的参数。我们的例子会使用多个自己构建的数据集，也可能是从其他网站下载的数据集。网络上有很多可用的数据集，我们会使用来自 UCI 机器学习库的数据。加州大学（UCI）尔湾分校的机器学习和智能系统中心提供了相关链接。

例如，最重要的一个数据集是鸢尾花数据集，其中的每一个数据点都表示一种鸢尾花的特点。不同的属性用来表示花萼的长度和宽度，以及花瓣的长度和宽度，如图 3-1 所示。

鸢尾花照片来自 wikipedia

图 3-1

这个数据集可以下载到本地，并存在 R 的数据框 data.frame 中。每一个变量都是一列，我们会使用 *i.i.d* 数据（或者假设数据按照顺序分布）来简化微积分和计算。

让我们下载数据集：

```
x=read.csv("http://archive.ics.uci.edu/ml/machine-learning-databases/
iris/iris.data",col.names=c("sepal_length","sepal_width","petal_
length","petal_width","class"))
head(x)
```

```
  sepal_length  sepal_width   petal_length petal_width   class
1      4.9          3.0           1.4         0.2        Iris-setosa
2      4.7          3.2           1.3         0.2        Iris-setosa
3      4.6          3.1           1.5         0.2        Iris-setosa
4      5.0          3.6           1.4         0.2        Iris-setosa
5      5.4          3.9           1.7         0.4        Iris-setosa
6      4.6          3.4           1.4         0.3        Iris-setosa
```

可以看到，数据集的每一次观察都是数据集的一行。使用 data.frame 来简化参数计算会非常有用。

我们可以使用数据集做一些简单的估计。例如我们只考虑第一个变量 sepal_length，并假设这个变量服从高斯分布，那么高斯分布中两个参数（平均值和方差）的最大似然估计可以简单地通过计算经验平均值和经验方差得到。在 R 中，几行代码如下：

```
mean(x$sepal_length)
[1] 5.848322

var(x$sepal_length)
[1] 0.6865681
```

如果我们想处理离散变量，正如本章中的大多数情形，我们可以使用著名的程序包 plyr 来简化计算：

```
library(plyr)
```

现在，我们计算变量 class 上的分布。在 data.frame 中，可以执行：

```
y =daply(x,.(class),nrow) /nrow(x)
y
     Iris-setosa     Iris-versicolor   Iris-virginica
     0.3288591       0.3355705         0.3355705
```

有意思的是，可以看到每种类型的分布大概是 33%。我们只是把 data.frame 中 class 列的每个值的出现计了数，并除以值的总数。这样的操作给出了分布值，也可以用来作为每一类的先验概率。在这个例子中，我们的分布基本上是均匀分布。

进一步，我们可以看一下给定一个类别下其他变量的分布。假设 sepal_length 服从平均值为 μ，方差为 σ^2 的高斯分布。一个简单的联合分布由以下分解给出：

$$P(SepalLength,Class)=P(SepalLength|Class)\cdot P(Class)$$

计算条件概率 $P(SepalLength|Class)$ 等价于计算 class 变量中每个值对应的平均值和方差。执行如下：

```
daply(x,.(class), function(n) mean(n$sepal_length))

    Iris-setosa       Iris-versicolor  Iris-virginica
      5.004082              5.936000        6.588000
```

类似的，变量 class 下每一个分布的方差如下：

```
daply(x,.(class), function(n) var(n$sepal_length))

    Iris-setosa       Iris-versicolor  Iris-virginica
      0.1266497             0.2664327       0.4043429
```

使用R函数可以非常容易地计算条件概率分布。如果想在离散分布上执行同样的计算，我们可以使用下列代码。首先，对变量 sepal_width 离散化转换成离散值。它表示宽度，因此（简化起见）我们可以设定3个不同的值：{small, medium, large}。我们可以使用下列代码自动完成：

```
q <-quantile(x$sepal_width, seq(0, 1, 0.33))
```

我们找出了变量 sepal_width 的33%和66%分位数。33%以下的值对应 small，33%和66%之间的值对应 medium，大于66%的值对应 large。

```
q
   0%    33%    66%    99%
2.000  2.900  3.200  4.152
```

然后我们在 data.frame 中创建一个新的变量，sepal_width 的离散版本。执行下列代码：

```
x$dsw[ x$sepal_ width <q['33%']] = "small"
x$dsw[ x$sepal_ width >=q['33%'] &x$sepal_width <q['66%'] ] = "medium"
x$dsw[ x$sepal_ width >=q['66%'] ] = "large"
```

对于分位数定义的每一个区间，我们都关联上 small、medium 或 large 值，放在 x 中新的列 dsw（即 discrete sepal width）中。

最终，我们可以通过下列代码学到条件概率分布 $P(dsw|class)$：

```
p1 <-daply(x,.(dsw,class), function(n) nrow(n))

p1
       class
dsw     Iris-setosa Iris-versicolor Iris-virginica
large         36               5           13
medium        12              18           18
small          1              27           19
```

这样在指定 class 值后，可以得到 dsw 中每一个值每次出现的计数。如果我们想把它们变成概率，只需要除以每个列的和。事实上，每个列都代表一个概率分布。可以执行下列代码：

```
p1 <-p1/colSums(p1)
```

最终结果是：

```
       class
dsw          Iris-setosa    Iris-versicolor Iris-virginica
  large        0.7346939    0.1020408       0.2653061
  medium       0.2400000    0.3600000       0.3600000
  small        0.0200000    0.5400000       0.3800000
```

使用之前 class 上的分布，我们可以完全参数化模型，得到联合分布：$P(SepalWidth,Class)=P(SepalWidth|Class) \cdot P(Class)$。

如果我们分析完成的过程，并试着抽取一条经验规则，可以说参数通过对 class 每一个值下的 sepal_width 值出现次数计数来找出参数。我们还可以说我们分别发现了分布的每个因子的参数：一个是 $P(SepalWidth|Class)$，一个是 $P(Class)$。

在后面的内容中，我们会学习更加形式化的方法，解决如何泛化这一思想来学习带有离散变量的概率图模型，以及从理论的角度理解为什么这一思想通常是很有效的。

3.2 通过推断学习

在本章的引言部分，我们看到学习任务可以通过频率主义的计数法来完成。在多数情况下，这已经足够了，但是这还只是机器学习思想的狭窄认识。更普遍地讲，学习的过程是把数据与领域知识整合在一起的过程，以便创建新的模型或改进现有的模型。因此，学习可以看作推断问题，人们需要更新已有的模型得到更好的模型。

让我们思考一个简单的问题：建模投掷硬币的结果。我们想检验硬币是不是公平的（没有做过手脚）。设 θ 为硬币正面朝上的概率。公平的投掷会满足 0.5 的概率。多次投掷硬币后，我们想估计这个概率。假设第 i 次投掷正面朝上，记输出是 $v_i=1$，否则为 0。我们也可以假设每一次投掷之间没有依赖。这意味着，观察是 $i.i.d$ 的。最终，我们把每一个投掷当作随机变量。投掷序列的联合分布是 $P(v_1,v_2, ..., v_n,\theta)$。每次投掷依赖于概率 θ，因此模型是：

$$P(v_1,\ldots,v_n) = P(\theta)\prod_{i=1}^{N} P(v_i\mid\theta)$$

在图模型中，可以表示成如下模型，如图 3-2 所示。

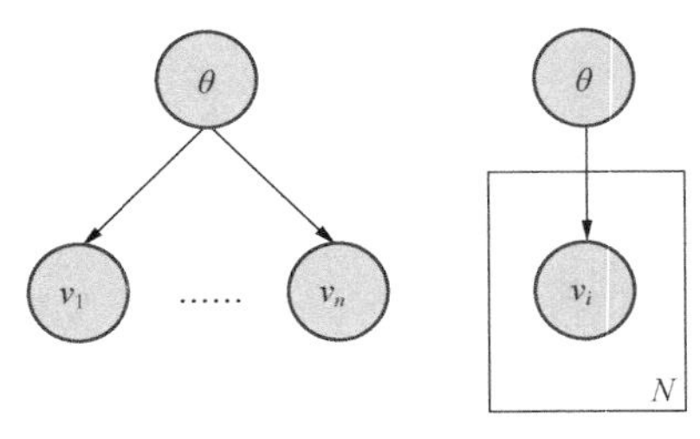

图 3-2

现在我们介绍一个新的图模型表示法：**平板表示法（The Plate Notation）**。左边的图是我们常用的表示法，其中只表示了 v_i 的第一个和最后一个节点，以保证模型更简单。有时这有点令人费解，甚至在很多例子中节点一多就会有歧义和带来麻烦。右边的图表示了同样的图模型，其中方框的意思是节点重复 N 次。

在之前一节中，我们看到学习过程把数据整合到了模型中。在第 1 章中，我们看到，使用贝叶斯公式，我们可以基于给定的新信息更新概率分布。使用相同的方法，在现在的问题里，我们想估计一下概率：

$$P(\theta\mid v_1,\cdots,v_n) = \frac{P(v_1,\ldots,v_n,\theta)}{P(v_1,\ldots,v_n)} = \frac{P(v_1,\ldots,v_n\mid\theta)P(\theta)}{P(v_1,\ldots,v_n)}$$

这也是贝叶斯公式的简单应用。

下一步，我们要确定公式的多个因子，首先是先验概率 $P(\theta)$。直觉上讲，θ 是一个连续变量，因为它可以取 0 到 1 之间的任意值。但是，我们会简化这个问题，采用离散化策略。设 θ 可以取 3 个不同的值——正面不公平、反面不公平和公平；即 $\theta \in \{0.2,0.5,0.8\}$，我们给出先验概率：

$$P(\theta=0.2)=0.2 \quad P(\theta=0.5)=0.75 \quad P(\theta=0.8)=0.05$$

这个公式说明，我们相信硬币有 75% 的概率是公平的，有 20% 的概率趋向正面，5% 的概率趋向反面。接下来是估计 θ 的后验概率分布。需要注意，从现在开始我们会省略分母，并使用符号$\propto$。它的含义是“正比于”，而不是完全等于（=）。

因此后验概率可以表示为：

$$P(\theta| v_1,\ldots,v_n) \propto P(\theta)\prod_{i=1}^{N} P(v_i| \theta) = P(\theta)\prod_{i=1}^{N} \theta^{I[v_i=1]}(1-\theta)^{I[v_i=0]}$$

这个公式并没有看上去复杂。首先，我们把 $P(v_1,v_2 \ldots v_n,\theta)$ 替换为它的分解形式，如图中所示。然后，我们把 $P(v_i|\theta)$ 替换为自己的分解，其中 $v_i=1$ 时取 θ，$v_i=0$ 时取 $(1-\theta)$。函数 $I[]$ 在括号内条件为真时等于 1，否则为 0。我们使用 $x^0=1$。

我们希望读者可以完成计算。最终我们有：

$$P(\theta| v_1,\ldots,v_n) \propto P(\theta)\theta^{\sum_{i=1}^{N} I[v_i=1]}(1-\theta)^{\sum_{i=1}^{N} I[v_i=0]}$$

表达式中的求和是对试验中正面（或反面）朝上的简单计数，以便确定硬币是否公平。如果我们把这两个计数记作 N_{head} 和 N_{tail}，就可以简化后验概率的表达，如下：

$$P(\theta| v_1,\ldots,v_n) \propto P(\theta)\theta^{N_{head}}(1-\theta)^{N_{tail}}$$

因此，我们最终可以给 R 环境输入这个公式，查看贝叶斯学习过程的结果：

```
posterior <-function(prob, nh, nt, Theta =c(0.2, 0.5, 0.8))
{
        x =numeric(3)
        for (i in 1:3)
                x[i] =prob[i] *(Theta[i]^nh) *((1 -Theta[i])^nt)

        norm =sum(x)
        return(x/norm)
}
```

在这个函数中，prob 是每个 θ 取值的概率向量，nh 和 nt 遵循之前的定义，Theta 是 θ 可能值的向量。我们默认使用之前提到的值。这些代码还可以优化，但是在这里我们会尽量简单化。最重要的一行是实现后验概率公式的那一行。归一化因子是 norm，最后返回 θ 后验概率分布的值。

让我尝试使用这个公式，看看不同的先验概率会带来什么样的结果：

```
posterior(c(0.2,0.75,0.05),2,8)
[1] 6.469319e-01 3.530287e-01 3.948559e-05
```

```
posterior(c(0.2,0.75,0.05),8,2)
[1] 0.0003067321 0.6855996202 0.3140936477
posterior(c(0.2,0.75,0.05),5,5)
[1] 0.027643708 0.965445364 0.006910927

posterior(c(0.2,0.75,0.05),10,10)
[1] 0.0030626872 0.9961716410 0.0007656718

posterior(c(0.2,0.75,0.05),50,50)
[1] 5.432096e-11 1.000000e+00 1.358024e-11
```

我们做下面几个试验：2 次正面朝上和 8 次反面朝上，8 次正面朝上和 2 次反面朝上，都是 5 次朝上，都是 10 次朝上，和都是 50 次朝上。注意，最后一个试验由于次数较多带来误差，其概率分布的和不等于 1。读者应该时刻记得测试和调试自己的程序：概率分布的和应该等于 1。在这个例子中，这意味着我们达到了机器精确度的上限，看到了误差。

分析结果，确定如何解决这些精确度问题：

- 2 次正面朝上和 8 次反面朝上：硬币以 65% 的概率趋向于反面朝上。但是硬币的公平度还是 35%，依然不小。
- 8 次正面朝上和 2 次反面朝上：我们得到了相反的结果。但是由于先验概率（趋向于正面朝上）很低，$P(\theta=0.8)=0.05$，结果依然以 68% 的概率说明硬币是公平的。
- 如果我们得到了相同的次数，那么结果充分说明硬币是公平的。这个概率也随着试验次数的增加而增加。

最后，我们给出一个处理概率计算时的必要技巧。当你需要把许多小数值相乘时，使用对数的加和，而不是原始值和乘法。因此新的算法会用到等式：$\log(ab)=\log(a)+\log(b)$。新算法进而变成下面计算 $x[i]$ 的样子：

```
x[i] =exp(log(prob[i]) +nh *log(Theta[i]) +nt *log(1 -Theta[i]))
```

最后的检验是当先验分布是均匀分布，即硬币的每个面都赋予相等的概率的时候。使用下面的代码：

```
posterior(c(1/3,1/3,1/3),2,8,c(0.2,0.5,0.8))
[1] 0.8727806225 0.1270062963 0.0002130812
posterior(c(1/3,1/3,1/3),8,2,c(0.2,0.5,0.8))
[1] 0.0002130812 0.1270062963 0.8727806225
```

```
posterior(c(1/3,1/3,1/3),5,5,c(0.2,0.5,0.8))
[1] 0.08839212 0.82321576 0.08839212
```

我们可以看到，每次试验的结论都靠近高的概率。

3.3 最大似然法

这一节会介绍一个简单的算法，来学习图模型中的所有参数。在第 1 节中，我们有了学习模型的初步经验。我们知道，参数可以通过每个变量的局部学习而得到。这就意味着，对于每一个拥有父节点 $pa(x)$ 的变量 x，对于父节点 $pa(x)$ 的每一个组合，我们可以计算 x 每一个值出现的频率。如果数据集足够完备，这会生成图模型的最大似然估计。

对于图模型中的每一个变量 x，以及其父节点 $pa(x)$ 的每一个组合 c：

- 抽取 c 中对应值的所有数据点。
- 计算 x 值的的直方图 H_c。
- 指定 $P(x|pa(x)=c)=H_c$。

这就可以了？没错，你只需完成这些步骤。相对困难的部分是数据点的抽取，而这个任务可以使用 R 中的 `ddply` 或者 `aggregate` 函数解决。

为什么会如此简单？在看 R 算法之前，让我们看看这个算法为什么会有效。

3.3.1 经验分布和模型分布是如何关联的？

图模型表示一个变量集合 X 的联合概率分布。但是并非每一个联合概率分布都可以表示成图模型。这里我们只对先前定义的有向概率图模型感兴趣。这个定义也可以看作对期望表达的概率分布类型的一种约束，在这个例子中，约束可以表示为：

$$P(X)=\prod_{i=1}^{K}P(x_i \vee pa(x_i)),X=x_1,\ldots,x_N$$

到目前为止，这是我们熟知的有向图模型的定义。

定义：经验分布。设 $X=\{x_1, ..., x_N\}$ 是数据点集合，表示变量 X 的状态，那么经验分布会均匀分布在数据点上，而数据点外的值是 0。摘自：*Bayesian Reasoning and Machine Learning*，D. Barber 2012，剑桥大学出版社。

假设 X 中的点都是独立同分布，经验累积分布函数是$\hat{F}(x)=\frac{1}{N}\sum_{i=1}^{N} I\left[X=x_i\right]$。或者说，这种分布对于 X 的每一个可能的状态，我们都会从数据集中关联上一个计算好的频率，如果数据集中没有该点，就给出 0。

让我们想一下经验分布 $q(x)$ 和模型分布 $p(x)$ 的关系。

Kullback-Leibler 散度（也叫作相对熵）是对两种概率分布 q 和 p 差异的非对称度量，记作 $KL(q|p)$。它给出了从 q 中样本到 p 中样本转换所需的比特数。直觉上讲，如果两个分布是一样的，那么 Kullback-Leibler 散度是 0。

经验分布和模型分布之间的 KL 散度是：

$$KL(q\,|\,p)=\sum q(x)\log q(x)-\sum q(x)\log p(x)$$

模型 $p(x)$ 的对数似然率是$\sum_{i=1}^{N}\log p(x_i)$，我们可以在之前的公式中看到，最右边的项就是模型 $p(x)$ 在经验分布 $q(x)$ 下的对数似然率。因此我们可以写作：

$$KL(q|\ p)=\sum q(x)\log q(x)-\frac{1}{N}\sum_{i=1}^{N} q(x)\log p(x_i)+cst$$

同时，因为项$\sum q(x)\log q(x)$并不依赖 $p(x)$，模型分布可以考虑改写为：

$$KL(q|\ p)=-\frac{1}{N}\sum_{i=1}^{N} q(x)\log p(x_i)+cst$$

所以，从之前的公式我们看到最大化似然率等价于最小化对数似然率。假设第二项是个常数，最小化对数似然率也会最小化经验分布 q 和模型分布 p 之间的 KL 散度。这只是意味着，找出 $p(x)$ 最大化似然参数等价于最小化经验分布和模型分布之间的 KL 散度。

如果 $p(x)$ 上没有约束，那么答案就是 $p(x)=q(x)$。

但是回忆一下，我们确实有一些约束：$p(x)$ 必须是个图模型。因此，把真正的 $p(x)$ 放到公式中看看有什么结果。

$$KL(q|p) = -\sum\left(\sum_{i=1}^{K} \log p(x_i|pa(x_i))\right)q(x) + cst$$

不要被两个求和符号吓坏，只需记得$\log\prod_{i=1}^{K} p(x_i|pa(x_i)) = \sum_{i=1}^{K} \log p(x_i|pa(x_i))$；即我们只用图模型概率分布的对数运算。由于外圈求和只依赖于内圈求和在变量x_i上的每一项，因此这个大项可以简化为以下形式：

$$KL(q|p) = -\sum_{i=1}^{K}\sum \log p(x_i|pa(x_i))q(x_i, pa(x_i)) + cst$$

现在内部求和计算了在变量x_i的子集$pa(x_i)$限制下，分布q的对数似然率。让我们再把常数加到公式里：

$$KL(q|p) = \sum_{i=1}^{K}\left[\sum \log q(x_i|pa(x_i))q(x_i, pa(x_i)) - \sum \log p(x_i|pa(x_i))q(x_i, pa(x_i))\right]$$

公式看着又很复杂，但是如果仔细观察括号内的部分，这次你会看到$q(x_i,pa(x_i))$和$p(x_i,pa(x_i))$之间的KL散度的公式。这个漂亮的结果意味着我们可以进一步简化公式：

$$KL(q|p) = \sum_{i=1}^{K}\sum KL(q(x_i|pa(x_i))|p(x_i, pa(x_i)))q(pa(x_i))$$

我们在最后这个公式上的操作就是对KL散度带权求和。概率分布$q(pa(x_i))$和KL散度都是正值，其他所有项也是正值，因此最小化求和就是对每一项最小化。同时，如前所述，最小化求和也意味着$p(x)$最大似然估计。但是如果我们仔细观察求和的内容，你会看到更多的KL散度，每一个都是与图中节点关联的一个小分布！我们需要最小化这些散度。因此，这意味着，如果我们想最小化整个p和q之间的KL散度（并得到图模型中p的最大似然估计，我们需要逐个地对每个节点分别做同样的处理。最小化这些KL散度，等价于计数和计算频度。因此，有向图模型的最大似然估计量可以通过选取父节点在$pa(x_i)$中的数据点，并对图中每一个节点的数据点计数得到（这是计算频度）。

3.3.2 最大似然法和R语言实现

现在，我们可以写一个简单的R算法来学习图中的参数。在这一节中，我们会使用来自UCI的Nursery数据集。这个算法不会使用任何图模型程序包，只会使用图程序包和常用的 R 包。

这个数据集有 9 个变量，与幼儿园入园申请有关。这个数据集保存在 1980 年代的斯洛文尼亚的卢布尔雅那，用于在申请量太高的情况下对其进行排序，以便构建一个专家系统来客观地解释为什么某个申请被接收或拒绝。所有变量都是类别型的，因此我们只需关注离散变量。

本节的目的是为了通过具体应用说明本章中所学的技能，因此我们不会试图构建一个完美的专家系统。基于这些理解，我们使用简单的图形来解释这个例子，如图 3-3 所示。

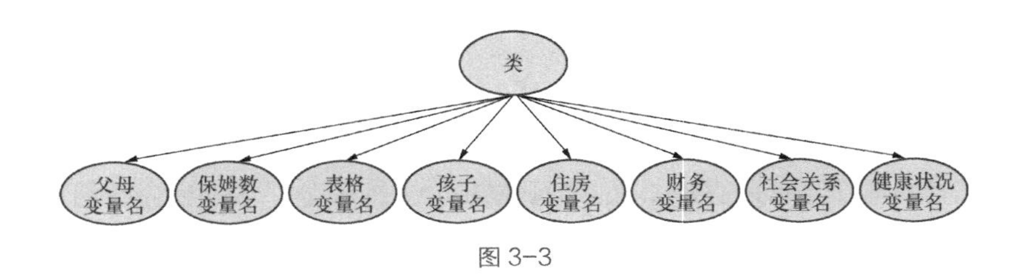

图 3-3

R 代码如下，包括学习函数，其使用两个新程序包 Tgraph 和 Rgraphviz。你会看到，为了易于理解，线都用数字标记（并不是代码的内容）：

```
1 library(graph)
2 library(Rgraphviz)
3 library(plyr)
4
5 data0 <-data.frame(
6     x=c("a","a","a","a","b","b","b","b"),
7     y=c("t","t","u","u","t","t","u","u"),
8     z=c("c","d","c","d","c","d","c","d"))
9
10 edges0 <-list(x=list(edges=2),y=list(edges=3),z=list())
11 g0 <-graphNEL(nodes=names(data0),edgeL=edges0,edgemod="directed")
12 plot(g0)
13
14 data1 <-read.csv("http://archive.ics.uci.edu/ml/machine-learning-
databases/nursery/nursery.data",col.names=c("parents","has_nurs","form",
"children","housing","finance","social","health","class"))
15 edges1 <-list( parents=list(), has_nurs=list(), form=list(),
children=list(),
16             housing=list(), finance=list(),social=list(),
health=list(),
```

```
17              class=list(edges=1:8))
18 g1 <-graphNEL(nodes=names(data1), edgeL=edges1,edgemod="directed")
19 plot(g1)
```

从第 1 行到第 3 行，我们加载了必要的程序包。在第 5 行我们创建了一个简单的数据集来测试学习函数。这个数据集有 3 个变量，会对每一种组合生成 50% 的概率。

在第 10 行和第 11 行，我们创建了边和相应的图。在第 12 行，我们绘制了图，并得到图 3-4 所示的图模型。

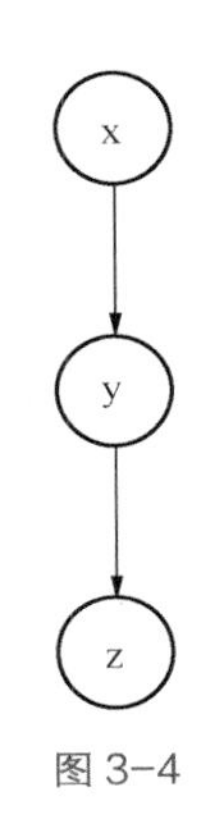

图 3-4

从第 14 行到第 19 行，我们绘制了第二个图模型，这一次使用 Nursery 数据集，绘图函数的输出如图 3-5 所示。

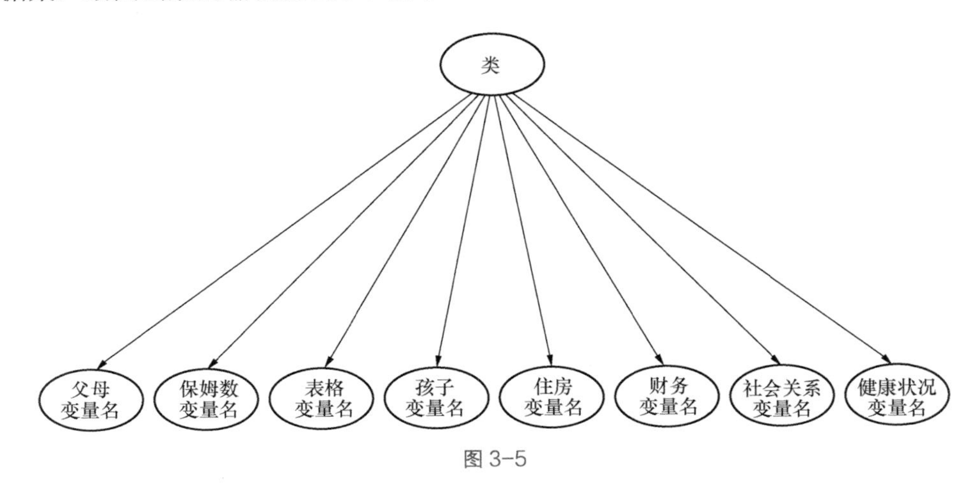

图 3-5

下面，我们有一个简单的函数来为每一个带有（或不带有）父节点的变量计算条件概率表：

```
1 make_cpt<-function(df,pa)
2 {
3     prob <-nrow(df)
4     parents <-data.frame(df[1,pa])
5     names(parents) <-pa
6
7     data.frame(parents,prob)
8 }
```

这个函数事实上会被后边的（plyr 程序包）ddply 函数调用，计算变量与其父节点的每一个组合的频率。这个计算通过第 3 行的 nrow 函数调用实现。

频率只是数据集中相同的组合出现的次数计数。因为这个函数在调用时组合是唯一的（得益于 ddply），所以我们可以在第 4 行中，只从第 1 行开始抽取所有父节点的值。

最终，主要的学习函数如下。代码并没有优化，但是非常简单、明了。我们可以理解每一行的含义：

```
1 learn <-function(g,data)
2 {
3     rg <-reverseEdgeDirections(g)
4     result <-list()
5
6     for(var in rg@nodes)
7     {
8         pa <-unlist(adj(rg,var))
9         if(length(pa)>0)
10        {
11            X <-ddply(data, c(var,pa), make_cpt, pa)
12            Y <-ddply(data, pa, make_cpt, pa)
13            for(i in 1:nrow(Y))
14            {
15                c <-sapply(1:nrow(X), function(j) all(X[j,pa] ==Y[i,pa]))
16                c <-which(c)
17                X$prob[c] <-X$prob[c]/Y$prob[i]
18            }
19         }
20         else
21         {
22            X <-ddply(data,var, function(df) c(prob=nrow(df)))
23            X$prob <-X$prob/sum(X$prob)
24         }
```

```
25
26          result[[length(result)+1]] <-X
27      }
28
29      return(result)
30 }
```

这个函数有两个参数：图 g 和数据集 data。在第 3 行中，它反转了所有边的方向，以便用程序包 graph 中的函数 adj() 找出每一个变量的父节点。理论上讲，反转图形并没有什么稀奇；这么做只是为了方便找出父节点。

在第 6 行中，函数开始分别学习每一个变量，正如我们在之前的章节看到的，我们处理了 2 个问题：一个是变量没有父节点（因此我们计算了变量的边缘分布）的问题，另一个是变量有父节点（因此我们计算了条件概率表）的问题。

在第 11 行中，对于每一个变量和父节点的值，我们计算 P(var,pa(var)) 频度（更准确地说应该是计数）。在第 12 行中，我们对 P(pa(var)) 做同样的操作。

最后，从第 13 行到第 18 行，我们使用贝叶斯公式得到条件概率表，并把计算转化为概率（对于本例，也是频度）。第 22 行和第 23 行执行同样的操作生成边缘概率表。

每个变量的结果都保存在名为 result 的列中！

我们用这个函数，以及两个数据集，看到了同样的结果，并进行分析。

3.3.3 应用

首先，加载并运行之前的 R 代码，然后执行下列代码：

```
learn(g0, data0)
```

结果如下：

```
[[1]]
  x prob
1 a  0.5
2 b  0.5

[[2]]
```

```
  y x prob
1 t a  0.5
2 t b  0.5
3 u a  0.5
4 u b  0.5

[[3]]
  z y prob
1 c t  0.5
2 c u  0.5
3 d t  0.5
4 d u  0.5
```

这个结果表明$P(x=a)=0.5$，$P(x=b)=0.5$。观察数据集，我们看到变量x有相同数量的a和b。结果没问题！

另外的表是$P(y|x)$和$P(z|y)$。注意条件概率不是直接概率。这些表需要根据父节点的值进行理解。例如，$P(y=t|x=a)=0.5$和$P(y=u|x=a)=0.5$。很明显，二者的和为1。

现在，让我们在Nursery数据集上使用learn函数，看看结果如何：

```
learn(g1, data1)
```

为了简化输出，我们只给出部分变量，首列为class：

```
     class       prob

1 not_recom    3.333591e-01
2 priority     3.291921e-01
3 recommend    7.716645e-05
4 spec_prior   3.120611e-01
5 very_recom   2.531059e-02
```

这是边缘概率表，和之前从图中得到的一样。总和是1，而且我们看到有些概率值比其他概率值要高。这个表会用在专家系统中，进而推出结论。当然，我们的模型非常简单，而更加实际的模型会拥有不同的图模型和值。我们鼓励读者修改图g1来测试不同的选择。

如果我们看一下finance变量，我们有下表：

```
      finance       class      prob
1 convenient  not_recom 0.5000000
2 convenient   priority 0.5260197
```

```
3 convenient  recommend 1.0000000
4 convenient spec_prior 0.4589515
5 convenient very_recom 0.6646341
6     inconv  not_recom 0.5000000
7     inconv   priority 0.4739803
8     inconv spec_prior 0.5410485
9     inconv very_recom 0.3353659
```

这个表比之前看到的都要大，但是也正常有效。然而，有一个小问题，最大似然估计过程并不是贝叶斯过程，而只是一个频率主义的过程。它在多数情形下都会有效，但是有时我们可能会有问题。这里，第 3 行中，我们看到 $P(finance=convenient|class=recommend)=1$。

虽然概率等于 1 并不是一个问题，但是很烦人。这是因为我们在数据集中只有一个特定组合的例子，这会给出极端的结果。这个结果并不是期望的结果，因为我们希望可以覆盖所有可能的场景，而不要落入某一个概率为 1 的独特场景中。

我们会在后面看到，在许多情况下给模型的所有参数添加先验概率分布会很有意思。这样可以避免它们带有概率为 0 或 1 的情型，而且可以发掘出尽可能多的场景。

3.4　学习隐含变量——期望最大化算法

本章的最后一部分介绍一个最重要的算法。这个算法会在本书中多次使用。这是一个学习隐含变量（即有些变量观察不到）概率模型的非常通用的算法。包含隐含变量的模型有时也叫作隐变量模型（Latent Variable Models）。期望最大化算法是解决这一类问题的方案，并且在概率图模型上也有很好的表现。

多数情况下，当我们想学习模型的参数时，我们会写一个目标函数，例如似然函数，我们的目的是找出可以最大化函数的参数。通常，我们可以只用一个黑盒数值优化函数，计算给定函数的相关参数。然而，在多事情况下，这会比较难以驾驭，而且容易导致数值错误（因为 CPU 的内部估计误差）。所有这个通常不是一个很好的方案。

我们力图使用优化问题的特异性（除了图模型对联合概率分布所做的假设）来改善计算流程，使其更快、更可靠。

对于找到图模型的最优参数问题，期望最大化算法是一种非常优雅的方案。它也可以用到许多类型的模型中。

3.4.1 隐变量

隐变量可以用在所有模型中，以便引入一个简化层，或者分离概念，或者给模型定义一些层级。例如，我们可以观察变量之间的特定关系，我们并不让这些变量相互依赖，相反，假定有其他的隐含变量导出它们，而且依赖关系通过更高层的变量实现。

这种自顶向下的方式可以生成更简单的模型，如图 3-6 所示。这个模型已经很复杂了，不是吗？

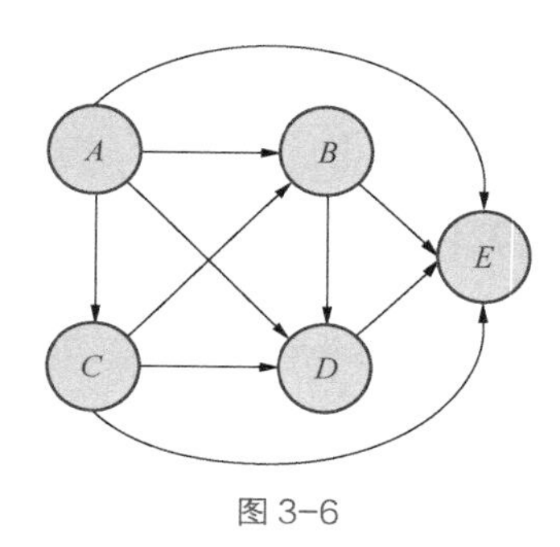

图 3-6

但是如果我们添加一下隐含变量（在下图中用希腊字母表示），模型会变得非常简单，且易于处理和理解。问题是我们并没有数据评估隐含变量的概率分布。这就需要期望最大化算法了，如图 3-7 所示。

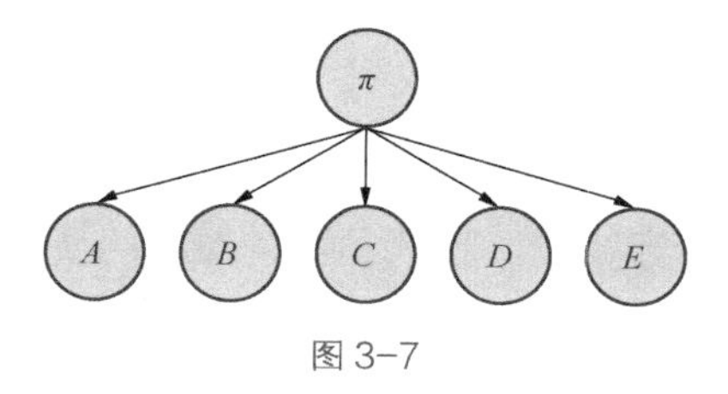

图 3-7

我们还可以添加更多的隐含变量，以便使用不同的父节点对变量归类，如图 3-8 所示。

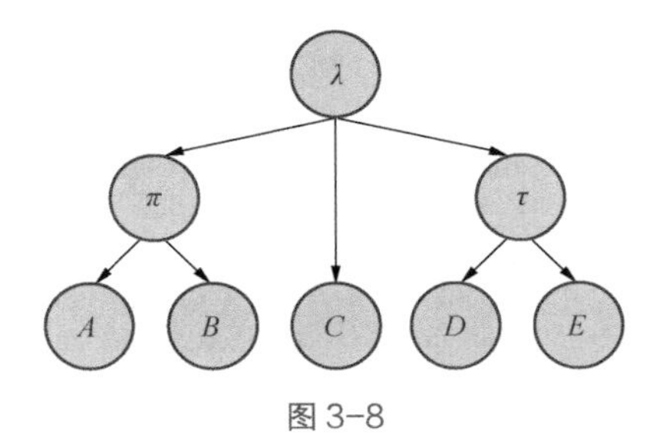

图 3-8

3.5 期望最大化的算法原理

因为隐变量观察不到，这类模型的似然函数是边缘分布。我们需要对隐含变量求和。边缘化会生成变量之间的依赖关系，使问题变得难以解决。

期望最大化算法通常会在给定分布的情况下，使用期望值填补缺失数据来处理问题。当我们不断地迭代这一过程，它会收敛到最大似然函数。这个填补策略是通过给定当前变量集合以及可观测的变量，计算隐含变量的后验概率分布而实现。这就是 E- 步骤（E 代表期望）。在 M- 步骤，M 代表最大化，我们会调整模型参数，并在新的 E- 步骤中再次迭代。这个过程会一直持续，直到我们看到参数收敛，或者似然率的增长收敛。而且，期望最大化算法可以确定每一次 EM 步骤后模型的似然率不会下降。这意味着当似然率只增长了很小的量时，我们就可以说算法收敛到（局部）最大值，算法可以停止了。增长率的多少依赖于应用本身，但是当似然率的增长不超过 10^{-2} 或 10^{-4}，算法也可以停止。这只是经验规则。针对具体的案例，读者可以尝试绘制似然率曲线来更好地理解期望最大化算法的行为。

3.5.1 期望最大化算法推导

假设我们有数据集 D，包含 N 个 *i.d.d.*（独立同分布）点，图模型的参数为 θ。它其实是一个包含图模型中每个变量所有参数的变量。由于写出这个集合会很冗长，我们可以简单地把它看作一个高维变量。

设 $D=\{x_1, \dots , x_N\}$，$\theta \in R$。图模型的似然率有如下的定义：

$$P(D|\theta)=\prod_{i=1}^{N} P(x_i|\theta)$$

在完备情况下，即所有变量都可以被观测到，似然函数可以有如下分解：

$$L(\theta)=\log P(D|\theta)=\sum_{i=1}^{N}\log P(x_i|\theta)$$

$$=\sum_{i=1}^{N}\sum_{j=1}^{K}\log P\left(x_i^{(j)}|\ pa\left(x_i^{(j)}\right),\theta_i\right)=\sum_{i=1}^{K}L_i(\theta_i)$$

我们再次看到了之前对数似然率的结果。这个结果可以再次写成每个变量（即图中的节点）的局部对数似然率加和的形式。

但是，当存在隐含变量的时候，我们的结果就不再优美。设可观测变量为x，隐含变量为y。模型的对数似然率可以写成：

$$L(\theta)=\log P(X|\theta)=\log\sum_{y}P(x,y|\theta)$$

这里，$X=\{x,y\}$是所有变量的集合。我们的主要问题是：log 函数内部的求和并不容易计算。事实上，为了获取似然函数，我们需要边缘化掉隐含变量y。有了这个求和，我们就可能让内部的所有变量都相互依赖。因此，由于使用图模型，我们会舍弃优良分解的所有好处。最终，计算会变得困难。

但是如果使用隐含变量上任意分布$q(y)$，它可以定义出对数似然函数的下界，让我们看看原因：

$$L(\theta)=\log\sum_{y}P(x,y|\theta)=\log\sum_{y}q(y)\frac{p(x,y|\theta)}{q(y)}$$

$$\geqslant\sum_{y}q(y)\log\frac{p(x,y|\theta)}{q(y)}=\sum_{y}q(y)\log P(x,y|\theta)-\sum_{y}q(y)\log q(y)=F(q,\theta)$$

再逐行解释一下其中的原因：

1．这是x上对数似然率的标准定义，其中我们边缘化掉隐变量y。

2．这里我们在分子和分母中引入$q(y)$，以便它们可以相互抵消。

3．基于这个原因，我们可以使用詹森不等式或者下界。公式的右边就是$L(\theta)$的下界。

4．这个下界可以进一步简化。最右边的项独立于θ和x。

最终，新的函数 $F(q,\theta) \leqslant L(\theta)$ 是对数似然率的下界。

期望最大化算法的运行方式通过调整两个步骤中的优化来完成：

- **E- 步骤**：$q_k \leftarrow argmax_q F(q,\theta_{k-1})$
- **M- 步骤**：$q_k \leftarrow argmax_\theta F(q_k,\theta_{k-1})$

这个算法通常会用参数的随机集合 θ_0 来做初始化。

算法首先在给定当前参数集合 θ_{k-1} 下找出隐含变量 $q(y)$ 的一个新的边缘分布，然后使用之前的分布 q 找出参数 θ_k 的最大似然估计。事实上，在步骤 1 的 E- 步骤中，q 的最大值可通过设定 $q_k(y)=P(y|x,\theta_{k-1})$ 得到。现在，下界变成了等式：

$$F(q_k, \theta_{k-1})=L(\theta_{k-1})$$

这个结果非常重要，因为它保证了似然率在每一步中只能增长或保持不变。因此这个结果意味着，使用当前的参数 θ_{k-1}，我们可以推出给定其他观察变量下的分布 $P(y|x,\theta_{k-1})$。这个步骤可以使用之前的章节中的任何推理算法。而且，这个过程会创建给定当前参数下期望的观察结果全集。

M- 步骤中的最大值可以通过最大化之前推导中第 4 行的第一项实现，即分布 q 下期望的对数似然率。

所以，在期望最大化算法的开始介绍中，我们有 $F=L$。E- 步骤也不会更改 θ。我们知道 E- 步骤不会降低似然率，因此对数似然率只会增长或保持不变。实际应用中，我们通常会看到对数似然率的收敛。当增长率很小时，我们可以停止算法，认为当前的方案就是优良方案。

3.5.2 对图模型使用期望最大化算法

正如已经看到的，我们会在实际问题中使用带有离散变量的图模型。例如，假设图中的某个地方有两个变量 A 和 B，使得 B 是 A 的父节点。因此我们有节点 A 的局部分布 $P(A|B)$。

回忆一下，最大似然估计 $\theta_{A|B}$ 的计算如下：

$$\theta_{A|B}=\frac{\text{包含}A\text{、}B\text{组合的计数}}{\text{包含}B\text{的计数}}$$

这是我们在用 R 之前所看到的和实现了的。到目前为止，没有什么新的知识了。之前，我们使用 `ddply` 函数高效地在一次调用中执行计算。读者也可以使用 `aggregate` 函数来得到同样的结果。

但是这个公式只会在 A 和 B 完全可观测的情况下有效！而使用期望最大化算法克服这个困难很简单。

M- 步骤就是处理这种情况：

$$\hat{\theta}_{A=a|B=b} = \frac{\sum_{i=1}^{N} P(A=a, B=b \mid X=x_i)}{\sum_{i=1}^{N} P(B=b \mid X=x_i)}$$

但是如何获取这两个概率分布？我们在 E- 步骤中使用观测变量 X 和选定的推理算法得到它们。至于 A 和 B 中使用的参数，它们是期望最大化算法之前步骤的参数。

最后，我们回忆一下期望最大化算法的所有步骤：

1. 用随机参数初始化图模型。确保分布的总和为 1。随机参数似乎能够提供比均匀分布更好的结果，但这只是一个实用的提示。

2. 完成以下步骤，直到对数似然率收敛：

- **E- 步骤**：使用选定的推理算法计算所有隐藏的变量的后验分布。这是 q 分布。
- **M- 步骤**：使用前面推断出的分布计算图模型的新参数集。
- 更新对数似然率，检查是否收敛。通常需要检查当前似然率和上一步似然率的差异是否小于预定的阈值。

因此 M- 步骤可以使用期望的概率实现隐含变量可观测。

3.6 小结

在本章中，我们看到了如何使用最大似然估计计算的图模型的参数。读者应该看到，这种方法不是贝叶斯的，可以通过设置图模型参数的先验分布来改善。这个过程会用到更多的领域知识，并帮助获得更好的估计。

当数据无法完全观测到，有些变量是隐藏的，我们学会了如何使用非常强大的期望最大化算法。我们还看到了一个完全可观测的图形上，R 语言学习算法的完整实现。

现在，我们鼓励读者使用本章中的思想，扩展和改进自己的学习算法。机器学习最重要的需求是专注于算法无法生效的场景。任何算法都会从数据集中提取一些信息。然而，当关注于算法的错误以及它不生效的地方，我们会发现数据中的价值。

在下一章中，我们将看几个简单的，但功能强大的，可以表示为图模型的贝叶斯模型。我们会看到，它们中的一些可以高度优化以便推理和学习。我们还将使用高斯混合模型，探讨期望最大化算法的应用，进而找出数据中的簇。

第 4 章
贝叶斯建模——基础模型

在学习完如何表示图模型，如何计算后验分布，如何用最大似然估计使用参数，以及如何在数据缺失和存在隐含变量下学习相同的模型时，我们要深入研究使用贝叶斯范式来进行建模的问题。在本章中，我们会看到一些简单的问题并不容易建模和计算，进而需要特定的解决方案。首先，推理是一个困难的问题，联结树算法只能解决特定的问题。其次，模型的表示目前都是基于离散变量的。

在本章中，我们将介绍简单但功能强大的贝叶斯模型，并展示如何作为概率图模型表示它。我们会看到使用不同的技术，它们的参数可以有效地学习出来，以及如何以最有效的方式在这些模型上进行推理。我们将看到这些算法可以适应这些模型，同时考虑到每个特异性。

首先，我们开始使用带有连续值的变量，即可以取任意数值的随机变量，而不仅仅是有限数量的离散数值。

我们会看到一些简单的模型，它们是复杂解决方案的基本构成。这些模型是基本的模型，我们将从非常简单的事情逐渐过渡到更复杂的问题，如高斯混合模型。所有这些模型都在被广泛使用，并有很好的贝叶斯表示。我们会在这一章逐步介绍。

更具体地，我们会对如下模型感兴趣：

- 朴素贝叶斯模型及其扩展，主要用于分类。
- Beta- 二项分布模型，这也是最基础的模型。
- 高斯混合模型，最常用的聚类模型之一。

4.1 朴素贝叶斯模型

朴素贝叶斯模型是机器学习中最出名的分类模型。虽然看上去很简单，但是这个模型非常强大而且只需要很少的精力就可以输出很好的结果。当然，在考虑分类问题的时候不应该只局限于一个模型，我们还要尝试更多的模型，看看对于特定的数据集哪一种模型是最好的。

分类是机器学习中的一类重要问题，它可以定义为一种关联观察结果和具体类别的任务。假设我们有包含 n 个变量的数据集，并给每一个数据点指认一个类别。这个类别可以是 {0,1}、{*a*,*b*,*c*,*d*}、{*red*,*blue*,*green*,*yellow*} 或 {*warm*,*cold*} 等。我们会看到有时考虑二元分类问题（问题只涉及两个分类）要更简单。但是大多数分类问题都超过两种类别。

例如，给定生理特征，我们可以把动物分成哺乳动物或爬行动物。给定邮件中用到的单词，我们可以把邮件分成垃圾邮件或正常邮件。给定信用记录和其他财务数据，我们可以把客户分成贷款可信或者贷款不可信。

尝试接下来的小例子，看看分类的显式展示，如图 4-1 所示。

```
Sigma <-matrix(c(10, 3, 3, 2), 2, 2)
x1 <-mvrnorm(100, c(1, 2), Sigma)
x2 <-mvrnorm(100, c(-1, -2), Sigma)
plot(x1, col =2, xlim =c(-5, 5), ylim =c(-5, 5))
points(x2, col =3)
```

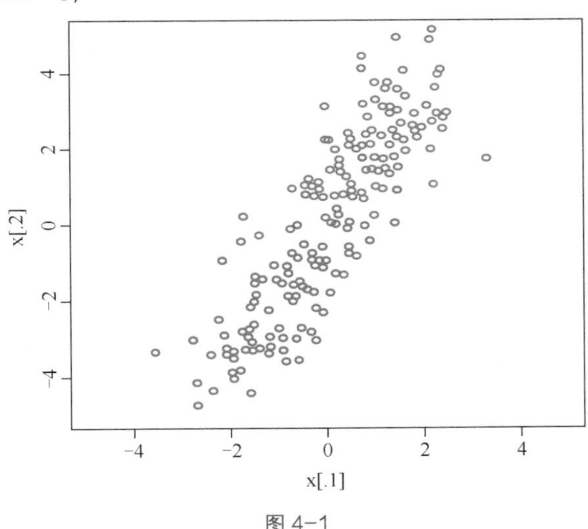

图 4-1

这个例子展示了两个变量的二元分类问题。两个变量通过 x 轴和 y 轴表示。问题似乎很明显，事实上并非如此，因为红色类别和绿色类别的分界面定义并不清楚。这就是典型的现实世界的例子。

在这个例子中，我们依然可以在中间画一条直线来分成两个类别。但是有时问题并不明显，一条线也不够用。当一条直线可以分出两种类别时，我们称之为**线性分类问题**。当我们需要一条曲线来区分时，我们称之为**非线性分类问题**。

我们评估分类器质量的方法是看错误率。我们希望最低的错误率，即每次分类器预测数据的类别都应该是正确的。然而，根据分类问题的不同，错误可能意味着不同的结果。例如，在医疗分类问题中，把病人分成得病类别要比分成健康类别或带有未知检出疾病通常要危险小些。

很明显，我们希望分类器尽可能准确。构建分类器的通用规则是完全关注于较难的观察结果。

4.1.1　表示

朴素贝叶斯模型是一种概率分类模型，其中 N 个随机变量 X 作为特征，1 个随机变量 C 作为类别变量。模型的主要（强）假设是，**给定类别、特征都是独立的**。这个假设看上去很强，而且会给出非常好的结果。

朴素贝叶斯模型的联合概率分布是：

$$P(X,C)=P(C)\prod_{i=1}^{N}P(X_i\,|C)$$

它可以使用图 4-2 所示的图模型表示。

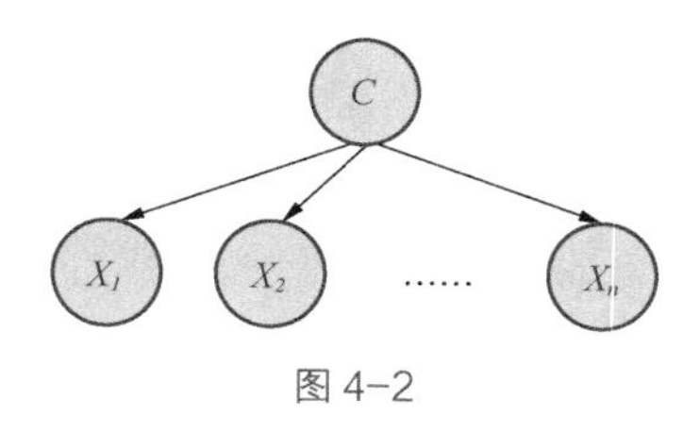

图 4-2

事实上，这是一个非常简单的模型，你可以从图中看到所有特征变量相互独立。

因此，借助贝叶斯规则，给定新的数据点 X'，我们可以计算最有可能的类别，具体如下：

$$P(C|X')=\frac{P(X'|C)P(C)}{P(X')}=\frac{P(X'|C)P(C)}{\sum_c P(X'|C)P(C)}$$

为了使问题简单，我们会把所有 X_i 变量和类别变量 C 当作二元变量。但是理论上多元变量在这个问题中处理起来也是一样的。实际上，如果你考虑连续变量，这个模型的理论也是类似的。例如，对于实值特征，我们可以考虑高斯分布，并有：

$$P(x|C=c)=\prod_{i=1}^{N} N(X_i|\mu_{ic},\sigma_{ic}^2)$$

这里，N 表示高斯分布。

当特征是二元的，除了 X 特征使用伯努利分布，结果是一样的：

$$P(x|C=c)=\prod_{i=1}^{N} N(X_i|\mu_{ic},\sigma_{ic}^2)=\prod_{i=1}^{N}\theta_{ic}^{x}(1-\theta_{ic}^{1-x})$$

这里，x 取值为 $\{0,1\}$，θ_{ic} 是给定类别 c 下 X_i 的概率。

4.1.2 学习朴素贝叶斯模型

朴素贝叶斯模型的学习非常简单。回忆一下第 3 章的内容“参数学习”，我们很容易得到，对于每一个 θ_{ic}，在二元特征和二元分类变量下，$\theta_{ic}=\frac{N_{ic}}{N_c}$，其中 N_{ic} 是当 $C=c$ 时变量 X_i 的计数，N_c 是类别 1 的计数。

至于类别变量，更加简单：$\pi_c=N_c$，其中 N 是数据点的总个数。

原因和上一章一样。为了更好的理解，我们需要写出最大似然估计模型。对于一个数据点，概率是：

$$P(x_i c_i|\theta)=P(c_i|\pi)\prod_{j=1} NP(x_{ij}|\theta_j)$$

知道在二元分类器中类别只可以取 $\{0,1\}$ 值，我们有：

$$P(x_i c_i|\theta)=\prod_c \pi_c^c \prod_j N\prod_c P(x_{ij}|\theta_{jc})^c$$

因此对数似然率是：

$$\log P(D|\ \theta)=\sum_{c=1}^{C} N_c \log \pi_c + \sum_{j=1} N \sum_{c=1} C \sum_{i/c_i=c} \log P(x_{ij}|\ \theta_{jc})$$

为了最大化这个函数，我们看到可以分别优化每一个项，以便获得每一个参数的简单形式。因此，很自然地，它输出了和通常图模型一样的结果。

除了手动实现模型，我们会使用名为 e1071 的程序包。如果你还没有安装，可以使用下列代码来完成：

```
install.packages("e1071")
library(e1071)
```

这个程序包提供了朴素贝叶斯模型的完整实现。我们可以加载数据并查看结果：

```
data(iris)
model <-naiveBayes(Species~.,data=iris)

Naive Bayes Classifier for Discrete Predictors

Call:
naiveBayes.default(x = X, y = Y, laplace = laplace)

A-priori probabilities:
Y
    setosa versicolor  virginica
0.3333333  0.3333333  0.3333333

Conditional probabilities:
              Sepal.Length
Y                [,1]      [,2]
  setosa     5.006 0.3524897
  versicolor 5.936 0.5161711
  virginica  6.588 0.6358796

              Sepal.Width
Y                [,1]      [,2]
  setosa     3.428 0.3790644
  versicolor 2.770 0.3137983
  virginica  2.974 0.3224966


              Petal.Length
Y                [,1]      [,2]
```

```
  setosa      1.462 0.1736640
  versicolor 4.260 0.4699110
  virginica  5.552 0.5518947

            Petal.Width
Y              [,1]      [,2]
  setosa      0.246 0.1053856
  versicolor 1.326 0.1977527
  virginica  2.026 0.2746501
```

我们再解释一下这个例子。参数 laplace 控制数据的拉普拉斯平滑，以便处理数据并不完美平衡或数据集有问题的情形。我们后边会再回到这个问题，但是这是大多数分类问题都必须处理的一个主要问题。

使用这个模型并尝试预测（或推断）类别，我们有：

```
p <-predict(model, iris)
hitrate <-sum(p ==iris$Species)/nrow(iris)
```

我们得到了 0.96 的命中率，即 96% 的数据点都被正确分类。这还不错，但是需要记得我们使用了训练集得到这个百分比。你不能只是用训练集中的点来评估分类模型的真正能力。理想情况下，我们应该把数据集分成两部分，假设我们使用 1/3 的数据进行测试，2/3 的数据进行模型训练。这种分割需要以随机的方式完成：

```
ni <-sample(1:nrow(iris), 2 *nrow(iris)/3)
no <-setdiff(1:nrow(iris), ni)
model <-naiveBayes(Species ~., data = iris[ni, ])
p <-predict(model, iris[no, ])
```

这里，ni 和 no 是从初始数据集随机得到的数据点索引列表。

4.1.3 完全贝叶斯的朴素贝叶斯模型

尽管名字叫贝叶斯，但是这个模型并不是真正的贝叶斯模型。要使模型具有完整意义的贝叶斯属性，我们应该在参数上建立先验概率。在朴素贝叶斯模型中，参数是指类别变量 π_c 和特征变量 θ_i。这些参数使用最大似然法进行估计。但是如果数据集不够平衡怎么办？如果针对特定的类别数据点不够多，参数如何处理？我们会得到很差的估计，最坏的情况是表征异常的参数权重都是 0。这显然不是我们期望的，因为结果完全是错误的。我们给正常特征和分类分配了太多的权重，而对异常表示的参数没有分配权重。

这个问题叫作**过拟合**（Over-fitting）。过拟合的解决可以使用贝叶斯方法，并在模型中包含额外信息，比如"如果数据没有表示出来，可以假设它们有很小的概率，而不是零概率"。

一种简便、易行的方法是使用模型参数的先验概率，并使用贝叶斯的方式开发模型。让我们做一些假设来简化计算。首先，我们假设所有的特征变量都取相同有限数量的值。我们记这个数为 S。读者可以对每一个特征推广到任意数量的值，但是在我们的讲解中会尽量简单。然后我们假设在特征参数 θ 上使用因子化的先验概率，如下：

$$P(\theta) = P(\pi)\prod_{i=1}^{N}\prod_{c=1}^{C}P(\theta_{ic})$$

这里，θ 表示所有参数。为了更加清晰，我们使用下列表示法：

- θ 表示所有特征参数，π 表示类别参数。
- θ_i 表示变量 i 的所有参数，即条件概率 $P(X_i|C)$ 的参数。
- θ_{ic} 表示变量 i 的在类别 c 下的所有参数，即条件概率 $P(X_i|C=c)$ 的参数。
- $\theta_{ic}^{(s)}$表示概率 $P(X_i=s|C=c)$ 的所有参数。因为 X_i 是一个离散多项式变量（准确地说是类别变量），$P(X_i=s|C=c)=\theta_{ic}^{(s)}$。

由于我们提到了多项式分布，牢记狄利克雷分布也是多项式（以及类别）分布的一种变形。如果我们把所有的$\theta_{ic}^{(s)}$都当作随机变量，而不仅仅是简单的参数，我们需要给定先验分布。我们会假设它们服从狄利克雷分布，原因有两个：

- 狄利克雷分布是值向量上的分布，分布值和为 1。这满足通用的约束 $\sum_{s=1}^{S}\theta_{ic}^{(s)}=1$。
- 狄利克雷分布作为多项式分布的变形，意味着如果数据点有类别或多项式分布且参数上的先验分布也是狄利克雷分布，那么参数上的后验分布也是狄利克雷分布。我们可以简化所有计算。

事实上，倔强分析也是贝叶斯数据分析的有力工具。实际执行过程如下：

- 设 α 是集中参数，即狄利克雷分布 $Dir(\alpha)$ 的参数。

- 因此我们假设 θ 也服从狄利克雷分布，即 $P(\theta_{ic}|\alpha)= Dir(\alpha)$。
- 当然，我们还知道特征变量服从类别或多项式分布。
- 因此，通过数据计算，X_i 分布的参数后验概率也服从狄利克雷分布 $Dir(N_i+\alpha)$，其中 N_i 是计数，和之前的工作一样！由于是一种变形形式，过程很简单。

因此，如果我们希望把狄利克雷先验概率放到计算中，类别变量参数的后验概率就是：

$$\pi_c = \frac{N_c + \alpha_c}{N + \alpha_0}，其中 \alpha_0 = \sum\nolimits_c \alpha_c$$

π 的先验概率是 $Dir(\alpha)$，其中 $\alpha=(\alpha_1, ..., \alpha_c)$。

对于特征变量的参数，方法也一样：

$$\theta_{ic}^{(s)} = \frac{N_{ic} + \beta_s}{N_c + \beta_0}，其中 \beta_0 = \sum\nolimits_s \beta_s$$

θ_{ic} 的先验概率是 $Dir(\beta)$，其中 $\beta=(\beta_1, ..., \beta_s)$。

稍等，事情就这么简单吗？是的，这都得益于这个贝叶斯模型的共轭性。如果我们仔细看一下这些公式，我们会发现因为 α 和 β 的取值，π_c 和$\theta_{ic}^{(s)}$都不会等于 0。事实上，根据狄利克雷分布的定义，它的参数都应该为正。

最后的问题是选择 α 和 β 的取值。通常，二者都会取 1。从狄利克雷分布的角度讲，这意味着我们给类别和特征变量都选择了均匀分布。我们可以允许参数等概率选取任何值，除了 0。选择不同的 α 和 β 值会产生不同的结果。我们可以改变狄利克雷分布的两个方向，尝试输入不同的值，或者我们也可以保持所有的参数都取一样的值。

如果狄利克雷分布的参数取 1，那么会得到名为拉普拉斯平滑的公式。这就是我们之前在 `e1071` 程序包的函数 `naiveBayes` 中看到的。有时，它也叫作伪计数（Pseudo-count），因为它可以看作手动给数据集添加一个例子。

但是狄利克雷先验概率并不是唯一可用的概率。在二元变量中，另一种有意义的分布是 Beta 分布。在下一节中，我们会更正式地介绍 Beta 二项分布，并给出它与狄利克雷多元分布的关系。我们会看到最终结果很类似，以及如何处理 Beta 分布的参数，以便描述类别和特征变量的不同类型的先验概率。

4.2 Beta 二项分布

Beta 二元先验概率是另外一个著名的模型，我们可以在模型上给一个分布的参数设定一个先验分布。这里，我们打算使用带有参数 θ 的二项分布。参数 θ 可以看作事件发生与否的概率，或者试验序列中正面事件的占比。因此，参数 θ 取值在 [0,1] 之间。

首先用几个简单的例子回顾一下二项分布：假设我们有一枚硬币，我们希望知道在玩猜正反面的游戏中硬币公平与否。这个游戏需要投掷 N 次硬币，并尝试估计得到正面的概率 θ。这是一个很重要的问题，因为它是许多其他模型的基础。你也可以使用其他试验数值代替正面和反面，例如，正负试验结果，民意调查结果，或其他二元答案。

历史上，这个模型已经被 Thomas Bayes 研究过，并由 Laplace 推广泛化，由此产生贝叶斯规则（或更加正式地叫 Bayes-Laplace 规则，如第 1 章概率推理中的介绍）。

在这个问题中，我们会继续遵循贝叶斯的方法：我们需要参数 θ 的**先验分布，给定参数下的似然率** $P(x|\theta)$，然后计算后验概率 $P(\theta| x)$。

如果我们考虑问题的完备性，我们也可以计算预测性的后验概率 $P(x|\theta,x)$。它表示给定参数和之前试验结果下新的数据点（投掷试验）的概率。

当我们假设所有的观察结果（即每次投掷的结果）是相互独立同分布的，我们还可以写成：

$$P(D| \theta)=\prod_{i=1}^{N} P(x_i |\theta)$$

这里 $D=\{x_1, ...,x_N\}$ 是数据集。

这个假设是否正确呢？从理论的角度讲，它是正确的。原因有两个：（1）我们每次投掷硬币，之前的投掷对新的投掷结果没有影响。（2）我们在所有的投掷中都是用同一枚硬币，因此参数 θ 不会改变。所以出现正面和反面的概率是相同的。但是在现实世界中，是否仍然正确呢？如果我们假设每次投掷都可以微小地改变屋内的空气流动，而且每次投掷都会擦掉一些金属原子，那么分布当然不是独立的，也不是相同的。事实上敏锐的读者已经理解这些影响可以完全忽略，对结果绝对不会有影响。也许我们应该投掷几十亿次才会看到一些差异。

然而，在设计这样一个试验时，我们需要格外注意试验的条件，确保数据的确独立同分布。例如，如果试验是一项民意调查，我们对相互紧邻的每个人提出相同的问题，那么第二个人很有可能受第一个人回答的影响。这种情况下，数据就不是独立同分布。

现在我们可以假设所需模块的分布情况，解决贝叶斯问题了。

伯努利分布是另一种概率分布。它需要给出随机变量的概率 θ，对应变量取 1 的情形，以及 $1-\theta$ 对应变量取 0 的情形。我们说 $x \sim Ber(\theta)$，即 $P(x|\theta)=\theta^x(1-\theta)^{1-x}$。其中 $x \in \{0,1\}$。如果我们多次重复伯努利试验（即多次投掷硬币），我们还会得到带有概率分布的数据集 $D=\{x_1,\ldots,x_N\}$：

$$P(D|\theta)=\prod_{i=1}^{N} P(x_i|\theta)=\theta^{x_1}(1-\theta)^{1-x_1}\theta^{x_2}(1-\theta)^{1-x_2}\ldots\theta^{x_N}(1-\theta)^{1-x_N}$$

由于独立同分布的假设和乘积的可交换性，如果我们记 N_1 为正面向上的次数，N_0 为反面向上的次数，我们可以重写这个似然率：

$$P(D|\theta)=\theta^{N_1}(1-\theta)^{N_0}$$

现在，我们可以对表达式取对数：

$$LL(\theta)=\log\theta^{N_1}(1-\theta)^{N_0}=N_1\log\theta+N_0\log(1-\theta)$$

在继续讲解之前，我们有必要解释一下为什么在计算中总是使用对数。第一个原因是历史原因：概率是 0 到 1 之间的数。计算独立同分布数据的似然性需要两个概率相乘。事实上，成百上千个概率相乘，这样的似然率并不罕见。早期的计算机做乘法要比做加法慢得多。因为 $\log(ab)=\log(a)+\log(b)$，把所有数据转换成对数然后再做加法会很有用。计算速度通常变得更快。如今，情况大大改观，乘法和加法的处理速度几乎相同。计算对数的花销有时甚至大大超出改用加法带来的收益。

第二个原因是当我们对 0 和 1 之间的数做乘法时，结果会变得越来越小。即使是现代计算机，处理数字的能力也是有限的。而且实际数值也是经过离散化的（通常按照 IEEE-754 规范），计算的精度会受到比较大的影响，而且误差会随着计算次数积累，最终导致很不准确的结果。但是，使用对数、负数加在一起可以使计算更精确，较小的数值对最终结果贡献更大，保证结果的准确性。

通常，我们会采用负对数似然率，只需要处理正数。另一个原因是，当我们希望最大化似然率时，我们也可以最小化负对数似然率。这是等价的问题。许多优化问题都试图找出函数的零值（最小值）。因此采用负对数似然率实现起来更简单。

为了详细说明这个思想，只需用 R 画出图 4-3 所示的图形。

```
x <-seq(0, 1, 0.05)
plot(x, -log(x), t ='b', col =1)
```

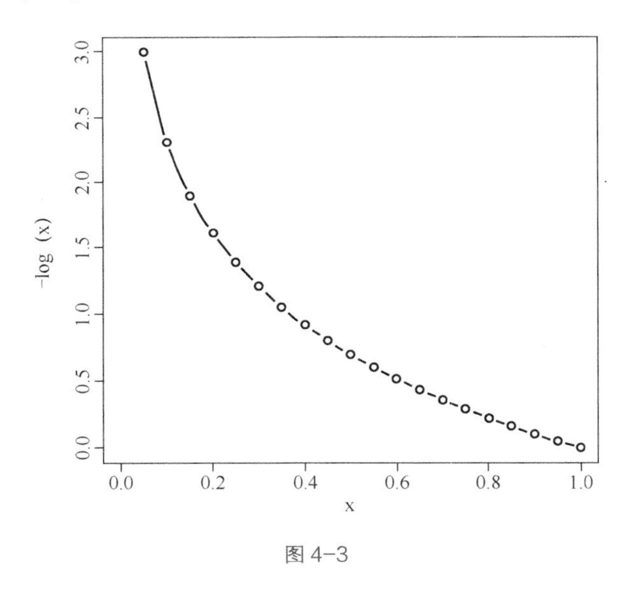

图 4-3

我们回到投掷硬币的问题。我们假设了表示投掷结果的随机变量服从伯努利分布，并计算了 N 次投掷序列的似然率。

现在我们从另一个角度考虑这个问题。假设我们投掷了 N 次硬币，N 是提前知道的。问题就变成了：N 次投掷中得到 N_1 次正面向上的概率。

通常这个答案取决于硬币的“偏心”程度。通常，硬币的“偏心”程度也是已知的，是参数 θ。如果 θ=0.5，那么 N_1 应该是$\frac{N}{2}$。我们希望对于任意可能的值 N_1，我们都可以在函数中使用 θ 和 N 计算出概率。这种情况下，注意以下问题：我们有多少正例？也就是说，N 次投掷给出 N_1 次正面向上的序列有多少？在小型试验中，例如 N=3，N_1=2，我们有 {HHT,HTH,THH}。这是 3 种可能。通常我们需要知道，n 次带有放回的事件中，r 值的组合数量。这个数量$\binom{n}{r}=\frac{n!}{r!(n-r)!}$。注意每个序列都是相互独立的，以及两个独立事件的概率等于概率之和 $P(A \vee B)=P(A)+P(B)$。最终，参数 θ 的$N_1=\binom{n}{r}$个独立伯努利事件概率是：

$$P(N_1| \theta,N_0)=\binom{N_1+N_0}{N_1}\theta^{N_1}(1- \theta)^{N_0}$$

这个概率分布非常著名，叫作**二项分布**（Binomial Distribution）。事实上，二项分布通常由两个参数定义：N，投掷总数，以及 θ。通常写作：

$$P(n| \theta,N)=\binom{N}{n}\theta^{n}(1-\theta)^{N-n}$$

R 语言默认提供二项分布的实现，可以使用下列函数：

- dbinom：密度。
- pbinom：累计。
- qbinom：分位数。
- rbinom：随机数生成。

我们可以使用 R 语言，通过下面简单几行程序给出二项分布：

```
x <-seq(1, 20)
plot(x, dbinom(x, 20, 0.5), t ='b', col =1, ylim =c(0, 0.3))
lines(x, dbinom(x, 20, 0.3), t ='b', col =2)
lines(x, dbinom(x, 20, 0.1), t ='b', col =3)
```

我们展示了 0.1 到 0.5 之间 3 个不同参数 θ 下的分布。当 θ 很小，正例输出的概率迅速减少；当 θ 是 0.5 时，黑色曲线表明 50% 的正例输出明显是最高的，如图 4-4 所示。

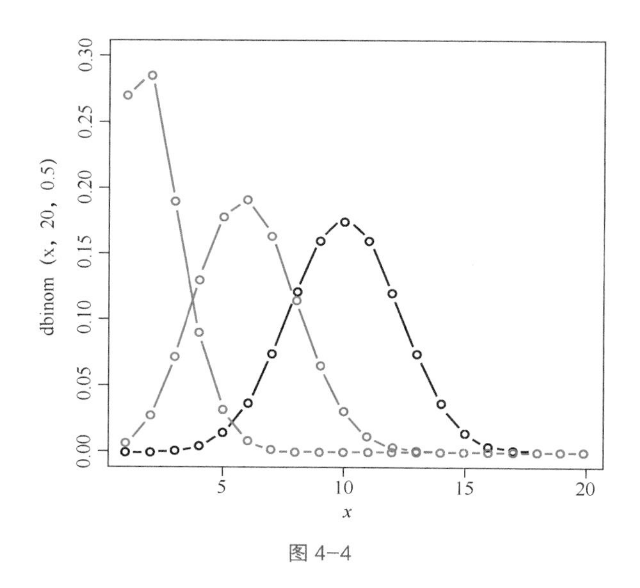

图 4-4

4.2.1　先验分布

接下来的问题是，我们应该对 θ 使用什么样的先验分布。Beta 分布是常见的选择，它有非常好的属性，可以作为二项分布和伯努利分布的共轭分布。

Beta 分布具有很好的形式，类似于二项分布和伯努利分布：

$$P(\theta| \alpha,\beta) \propto \theta^{\alpha-1}(1-\theta)^{\beta-1}$$

后面我们会加上归一化常数。Beta 分布的好处是它的值域，即 θ 的值在 [0,1] 内。因此 Beta 分布的 θ 可以理解成占比或概率，用作二项分布和伯努利分布的参数。这使得 Beta 分布成为先验分布的完美候选。要完整写出公式，我们需要注意这个分布是密度分布，值域上的积分必须是 1。因此通常写作：

$$P(\theta| \alpha,\beta) = \frac{\theta^{\alpha-1}(1-\theta)^{\beta-1}}{\int_0^1 x^{\alpha-1}(1-x)^{\beta-1}\mathrm{d}x}$$

分母上的积分就是 Beta 函数。通常我们可以把密度函数写作：

$$P(\theta| \alpha,\beta) = \frac{1}{Beta(\alpha,\beta)}\theta^{\alpha-1}(1-\theta)^{\beta-1} = \frac{\Gamma(\alpha+\beta)}{\Gamma(\alpha)\Gamma(\beta)}\theta^{\alpha-1}(1-\theta)^{\beta-1}$$

这里 Gamma 函数定义如下：

$$\Gamma(x)=\int_0^{\infty} \exp(-t)t^{x-1}\mathrm{d}t$$

当 x 是整数时，$\Gamma(x)=(c-1)!$

4.2.2 带有共轭属性的后验分布

现在我们需要把二项分布和 Beta 先验分布结合起来，获取后验分布。后验分布可以使用贝叶斯规则得到：

$$P(\theta\mid N,n,\alpha,\beta)=\frac{P(n\mid N,\theta)P(\theta\mid N,\alpha,\beta)}{P(n\mid N,\alpha,\beta)}\propto P(n\mid N,\theta)P(\theta\mid N,\alpha,\beta)$$

最终，通过解析形式替代每一个分布，我们有：

$$p(n\mid N,\theta)p(\theta\mid N,\alpha,\beta)=\frac{N!}{n!(N-n)!}\theta^{n}(1-\theta)^{N-n}\times\frac{\Gamma(\alpha)\Gamma(\beta)}{\Gamma(\alpha+\beta)}\theta^{\alpha-1}(1-\theta)^{\beta-1}$$

这个结果正比于：

$$\theta^{n}(1-\theta)^{N-n}\times\theta^{\alpha-1}(1-\theta)^{\beta-1}=\theta^{n+\alpha-1}(1-\theta)^{N-n+\beta-1}$$

事实上，最后的形式与 Beta 分布的初始形式相同。这意味着 θ 的后验分布也是 Beta 分布。

因此我们已经找到了后验分布，可以继续如下计算：

如果 n 服从二项分布 $Binomial(\theta,N)$，θ 的先验概率是 $Beta(\alpha,\beta)$，那么 θ 的后验概率也是 Beta 分布 $Beta(\alpha+n, \beta+N-n)$。

在这个列子中，得益于共轭属性，我们执行了非常高效的后验概率计算，它只需要做一些加法。共轭的思想在贝叶斯推理中非常重要。

4.2.3 如何选取 Beta 参数的值

这取决于我们希望在模型中包含哪种类型的信息。例如，我们可能会认为每一个 θ 的值都是先验可接受的，并且希望赋予每一取值相同的重要度。这就是之前章节中狄利克雷函分布的意义，其中添加了取值为 1 的伪计数。

使用 Beta 分布，我们可以由 $Beta(1,1)$ 得到均匀分布。但是我们也可以使用 $Beta(0.5,0.5)$ 尝试给靠近 0 或 1 的极值赋予更大的重要度。另外，要使 θ 保持在

0.5 附近，我们可以使用 *Beta*(2,2), *Beta*(3,3)。值越大，靠近中心的概率越大。下面的 R 代码给出了不同值下的分布情况，如图 4-5 所示。

```
x <-seq(0, 1, length =100)
par(mfrow =c(2, 2))
param <-list(
  list(c(2, 1), c(4, 2), c(6, 3), c(8, 4)),
  list(c(2, 2), c(3, 2), c(4, 2), c(5, 2)),
  list(c(1, 1), c(2, 2), c(3, 3), c(4, 4)),
  list(c(0.5,  0.5), c(0.5, 1), c(0.8, 0.8)))
for (p in param)
{
  c <-1
  leg <-character(0)
  fill <-integer(0)
  plot(0, 0, type ="n", xlim =c(0, 1), ylim =c(0, 4))
  for (v in p)
  {
    lines(x, dbeta(x, v[1], v[2]), col = c)
    leg <-c(leg, paste0("Beta(", v[1], ",", v[2], ")"))
    fill <-c(fill, c)
    c <-c +1
  }
  legend(0.65, 4, leg, fill, bty ="n") }
```

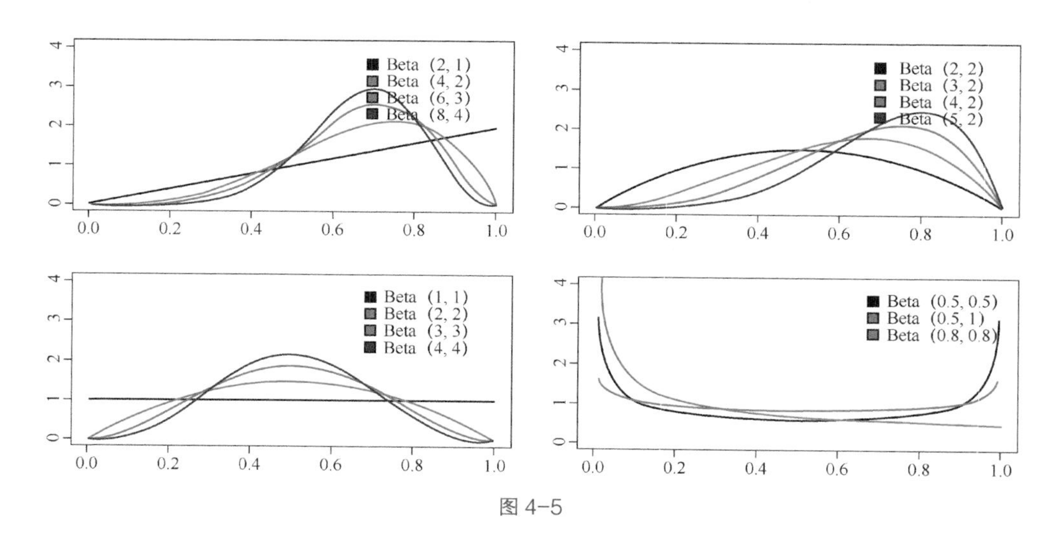

图 4-5

4.3 高斯混合模型

高斯混合模型是隐变量模型的第一个实例。隐变量也叫作隐含变量，是指存在于模型中但是从来都观察不到的变量。

使用非观测变量的思想可以带来意想不到的好处。我们希望知道如何估计变量的分布参数。事实上，我们还想知道隐变量的真正含义是什么。

例如，假设我们观察到由一组随机变量表示的数据。这个数据可能会聚成几个簇，并根据内在的含义聚合起来。再比如，我们可能观察到动物的生理学特点，并按照物种把数据点分成例如狗、猫、牛等。如果我们考虑生成模型，我们可以说，通过选择分组，例如马，我们会观察到针对这个分组的特征，而不是其他分组例如猫的特征。但是，任何一个生理学变量都不会带有明确的信息，说明自己来自于马分组或是猫分组。

这种区别存在的原因在于，我们想把类似的东西分到一起，但是它们并不是现实世界的局部。然而这种情形确实有利于我们根据马或猫的特征对此类数据分组，进而理解动物群体。这就是我们希望使用隐变量进行分组的过程。

一开始就使用模型中的隐变量会比较棘手，因为没有数据可以来估计分布。但是之前，我们看到诸如期望最大化算法解决这类问题很有用。

而且，我们可以通过引入一些特征间的条件独立假设或变量之间的层次关系，来简化模型，使得模型更加易于理解或计算。

高斯混合模型中隐变量主要用来估计密度。简单地说，其中的主要假设是，随机过程会依据多项式分布，随机选择一个高斯分布，然后再（根据选择的高斯分布）随机选择数据点。这是一个很简单的两步过程，同时也简化了对复杂数据集分布的估计问题。它并不会找出一个非常复杂的分布，相反，模型会使用简单的高斯分布集合来估计，这些分布通过隐变量关联在一起。这非常类似于分而治之的思想。

4.3.1 定义

在这个模型中，我们记 X 为可观测的变量，Z 是隐含的多项式随机变量。模型使用如下概率分布定义：

$$P(X|\Theta)=\sum_i P(Z_i=1|\pi_i)P(X|Z_i=1,\theta_i)=\sum_i \pi_i P(X|Z_i=1,\theta_i)$$

这里 π_i 是**混合占比**，$P(X|Z_i=1,\theta_i)$ 是**混合成分**。在这个公式中，因为 Z 是多项式分布，我们有 $P(Z_i|\pi_i)=\pi_i$，Z_i 是 Z 的第 i 个成分。

最终，Θ 是所有模型参数的集合，θ_i 是变量 X 的参数。

当 X 服从高斯分布，我们可以把之前的分布写成：

$$P(X|\Theta)=\sum_i \pi_i N(X|\theta_i=(\mu_i,\Sigma_i))$$

这里，Σ_i是变量 X 的协方差矩阵。如果我们把公式展开，可以得到

$$P(X|\Theta)=\sum_i \pi_i \frac{1}{(2\pi)^{m/2}|\Sigma_i|^{1/2}}\exp\left(-\frac{1}{2}(x-\mu_i)^T\Sigma_i^{-1}(x-\mu_i)\right)$$

这个结果看起来很复杂，让我们画出相应的概率图模型，看看其中的等价概念，如图 4-6 所示。

图 4-6

这个图展示了 $P(X,Z)$ 的概率分布，其中 Z 节点是白色的，说明它是隐含变量。如果我们把 Z 边缘化，得到 X 的分布，我们就可以得到之前的公式。同时注意，在这个模型中，X 是多变元高斯分布。

根据这个分布，我们可以很容易地计算出给定 X 时 Z 的后验概率。这是我们关注的值：我们希望知道观察到 X 后，Z 处于状态 i 的概率。换句话说，它告诉了我们可观测变量的分布来自于哪里。首先让我们使用下列代码画出 3 个高斯分布的混合模型。这次我们使用名为 `mixtools` 的程序包：

```
N <-400

X <-list(
  mvrnorm(N, c(1, 1), matrix(c(1, -0.5, -0.5, 1), 2, 2)/4),
  mvrnorm(N, c(3, 3), matrix(c(2, 0.5, 0.5, 1), 2, 2)/4),
  mvrnorm(N, c(5, 5), matrix(c(1, -0.5, -0.5, 4), 2, 2)/4))

plot(0, 0, xlim =c(-1, 7), ylim =c(-1, 7), type ='n')

for (i in 1:3)
  points(X[[i]], pch =18 +i, col =1 +i)
```

这个小程序从 2 维多元高斯分布中生成了 3 个数据集，并在同一个图中绘出 3 个数据集，和期望的一样这些点形成了 3 组数据。如果我们重新对 3 组数据进行分组形成一个大组，一个有趣的问题是找出 3 个组的参数。在这个例子中，我们有一种理想的情形，因为我们为每一个组生成了相等数量的点，如图4-7所示。但是在实际应用中，很少有这种情况。

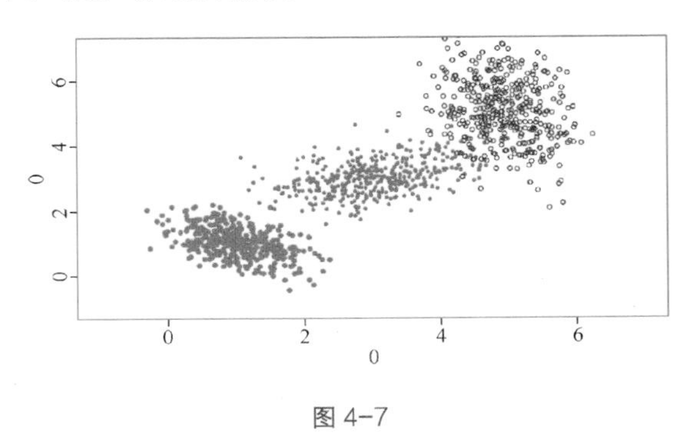

图 4-7

隐含变量 Z 的后验概率可以写成：

$$P(Z_i=1|X,\Theta)=\frac{P(X|Z_i=1,\theta_i)P(Z_i=1|\pi_i)}{P(X|\Theta)}=\frac{\pi_i N(X,\mu_i|\sum_i)}{\sum_j \pi_j N(X,\mu_j|\sum_j)}$$

这是贝叶斯规则的又一次使用。

接下来，我们需要估计模型参数 θ，再次假设数据都是独立同分布的。如果我们把 $D=\{x_n\}$ 记为数据集，模型的对数似然率可以写作：

$$LL(\Theta|D)=\sum_n \log P(x_n|\Theta)=\sum_n \log\left\{\sum_i \pi_i N(x_n|\mu_i,\sum_i)\right\}$$

这个对数似然率不太容易优化，我们会使用合适的优化算法。正如之前提到的，隐含变量的存在促使我们使用期望最大化算法。

根据之前的例子，我们可以假设变量 Z 有 3 个状态 $\{z_1,z_2,z_3\}$，对应 3 个高斯分布模块。高斯混合模型中仅有的约束是我们需要提前假设高斯分布的量。也有其他的模型，允许高斯分布数量是一个随机变量，学习算法会尝试找出最可能的模块数，与此同时找出每一个模块的平均值和协方差矩阵。

我们使用之前同一份代码：

```
library(mixtools)

N <-400

X <-list(
  mvrnorm(N, c(1, 1), matrix(c(1, -0.5, -0.5, 1), 2, 2)/4),
  mvrnorm(N, c(3, 3), matrix(c(2, 0.5, 0.5, 1), 2, 2)/4),
  mvrnorm(N, c(5, 5), matrix(c(1, -0.5, -0.5, 4), 2, 2)/4))
x <-do.call(rbind, X)  # transform X into a matrix
model2 <-mvnormalmixEM(x, verb =TRUE)
model3 <-mvnormalmixEM(x, k =3, verb =TRUE)
```

计算这个结果需要花些时间。参数 verb=TRUE 会展示期望最大化算法的每次迭代结果。其中需要关注的是对数似然率。在第一种情形（model2）中，对数似然率会在 27 步内，从 3 711 下降到 3 684。读者的结果可能会有不同，因为我们会使用 mvrnorm 生成随机数据集。

model2 的问题是高斯分布模块的数量默认取为 2：读者可以在 R 中运行 help(mvnormalmixEM) 查看参数 k。我们知道混合模型中有 3 个模块。然而，model3 有 3 个模块，k=3，与实际数据集相同。对数似然率在 41 次迭代中，只从 3 996 降到 3 305（可能和读者的也有些许不同）。看起来，当我们给出正确的模块数量时，第 2 种情型的收敛速率要好很多。

我们可以绘制期望最大化算法的对数似然率演化过程，理解两个模型有什么不同：

```
plot(model2, xlim =c(0, 50), ylim =c(-4000, -3000))
par(new = T)
plot(model, lt =3, xlim =c(0, 50), ylim =c(-4000, -3000))
```

需要注意的是，通过固定图形的大小，我们可以轻松地添加两幅图。虚线对应拥有 3 个模块的模型。可以明显地看到，对数似然率随着算法运行逐渐靠近 0。但是使用的迭代次数要更多。如图 4-8 所示。

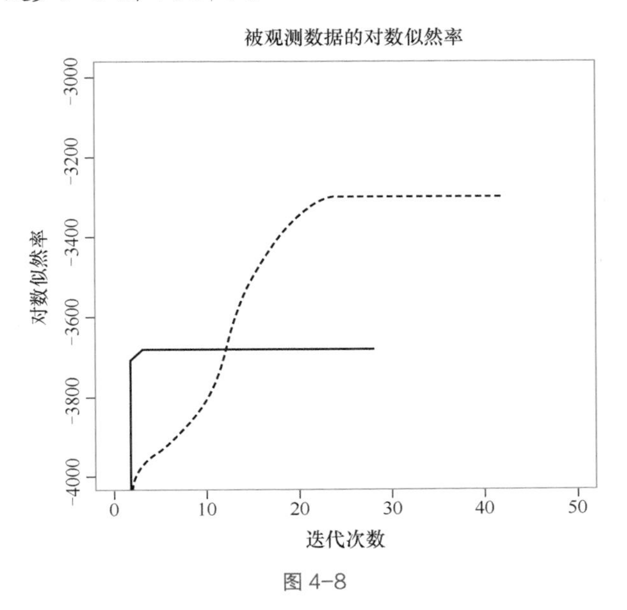

图 4-8

观察 model3 的结果，我们可以更好地理解期望最大化算法所导出的模型：

```
model3$lambda
[1] 0.3358283 0.3342840 0.3298877
```

每一个模块的占比，如所期望的，非常接近初始占比。读者可以改变每个模块的点的数量，并再次运行和确认：

```
X <-list(
  mvrnorm(100, c(1, 1), matrix(c(1, -0.5, -0.5, 1), 2, 2)/4),
  mvrnorm(200, c(3, 3), matrix(c(2, 0.5, 0.5, 1), 2, 2)/4),
  mvrnorm(300, c(5, 5), matrix(c(1, -0.5, -0.5, 4), 2, 2)/4))
x <-do.call(rbind, X)
```

使用 mixtools 再次运行：

```
model3.2<-mvnormalmixEM(x, k =3, verb =TRUE)
```

我们可以看到对数似然率在 84 次迭代中，从 −1 925 变到 −1 691。但是占比分别是 0.3 378 457、0.1 651 263 和 0.4 970 280。这与我们开始设定的示例数据集的比例是相对应的。

我们再次确认其他参数，可以看到它们类似于我们在数据集中的设定。在现实世界中，我们并不知道每个模块的位置和协方差。但是这个例子说明期望最大化算法经常会收敛到期望的取值上：

```
model3$mu
[[1]]
[1] 3.025684 3.031763
[[2]]
[1] 0.9854002 1.0289426
[[3]]
[1] 4.989129 5.076438
```

现在，让我们看一下图形化的结果，真正理解期望最大化算法都找出了哪些模块。

首先，使用下列命令绘制 model3，使用 plot(model3, which=2) 展示 3 个模块，如图 4-9 所示。

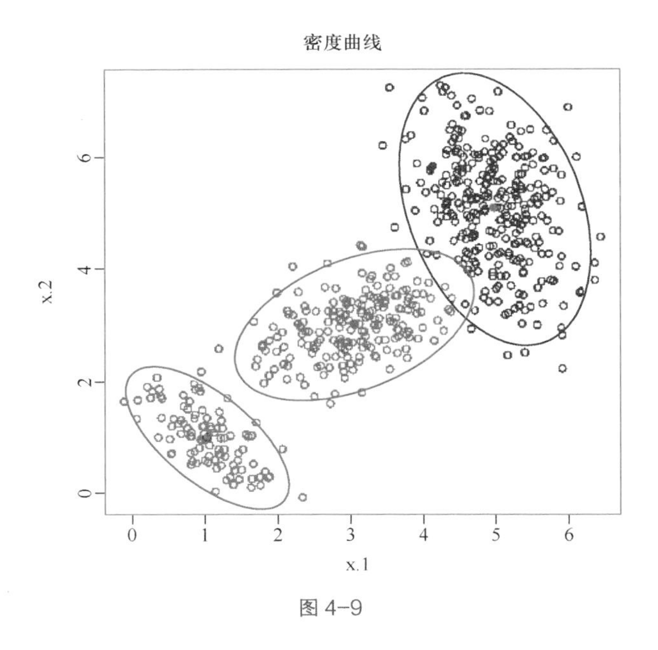

图 4-9

然后展示 model2 和 model3.2 以便比较，如图 4-10 所示。

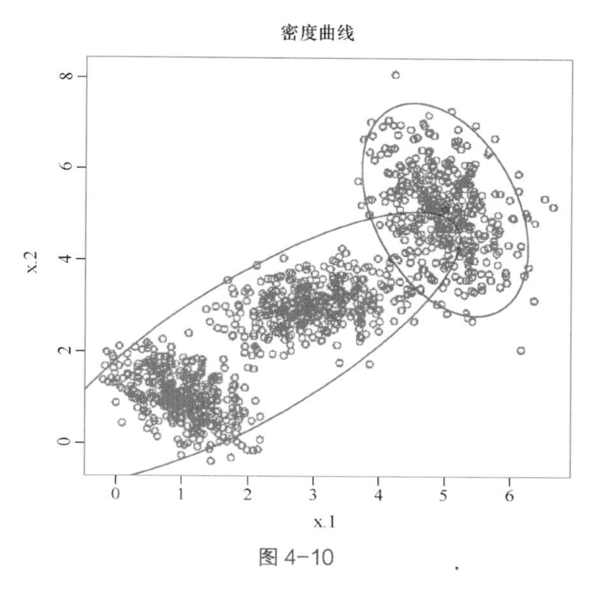

图 4-10

图 4-11 给出了 `model3.2`。

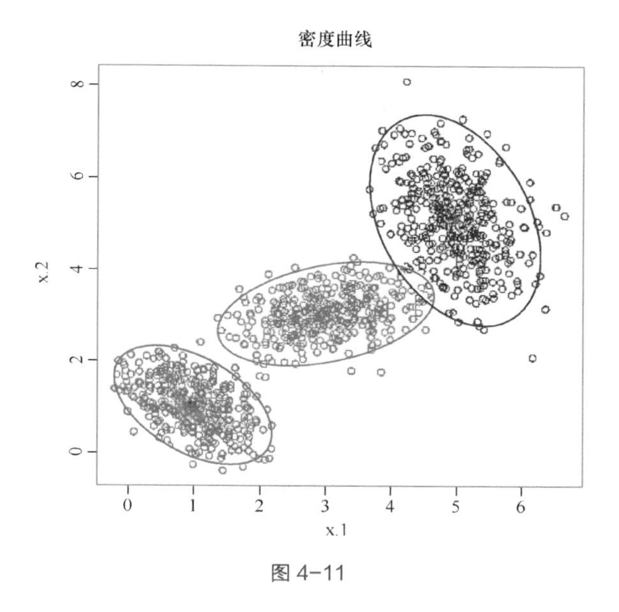

图 4-11

现在我们可以从观察结果中得出：

- `model3` 和 `model3.2` 非常类似。这与期望的相同。
- `model2`，即设定有 2 个模块的模型，看起来给出了一个可以接受的选择。

事实上两个底部的模块拥有几乎相同的走向。因此算法收敛到一个高斯分布包含两个底部模块，另一个高斯分布包含顶处的走向不同的模块的情形。它也是个不错的结果。

4.4 小结

在这一章中，我们使用了简单而强大的贝叶斯模型。它拥有表示概率图模型的能力。我们看到了过拟合问题的贝叶斯解决方案，它使用先验分布，例如狄利克雷—多项式分布和著名的 Beta 二项分布。

最后一节介绍了另一个图模型，它在概率图模型出现前就有了，也就是高斯混合模型。它是一类非常重要的模型，可以捕捉同一个模型中来自不同子集的数据。最终，我们看到了期望最大化算法的另一个应用：学习这个模型，并找出每一个高斯分布模块的参数。

当然，高斯混合模型并不是唯一的隐变量模型。事实上，它代表了许多贝叶斯模型和概率图模型框架。

在下一章中，我们会继续研究贝叶斯推理算法，并介绍一组新的非常重要的概率图模型算法：抽样算法，也叫作蒙特卡洛算法。它被认为机器学习中最重要的算法之一，因为它支持许多之前太过复杂而不易使用的模型。

第 5 章 近似推断

这一章会介绍第二类推断算法。得益于它的广泛性，它也许是最重要的算法。它的方法与之前学习到的完全不同。其实，我们已经看到了两类算法：一类是基于纯解析的，通过手动计算后验概率分布的方案；另一类是使用图模型中的信息传递的方案。两种情形的结果都是精确的。对于解析的方案，计算过程通常分解为计算后验概率的函数。对于信息传递的算法，计算后验概率可以通过图中的信息传递逐步实现。如果图形不适合这一类算法，计算过程会变得非常耗时，且难以控制。

但是在许多情况下，我们经常用精度换速度，这就是近似推断的主要思想。如果没有那么精确，是否影响很大？然而，在多数问题中，近似推理依然很精确。另一方面，它允许我们处理带有许多不同分布的更加复杂的模型。这类模型通常让其他方法变得完全不可行。

我们会在这一章使用一类重要的算法，即**采样算法**（Sampling Algorithms），也叫作**蒙特卡洛采样**（Monte-Carlo Sampling）。其主要思想是从后验分布中随机抽出数据，以便使用简单的统计代替复杂的计算。例如，如果我们想计算一个随机变量的后验概率平均值，我们可以从后验分布中随机抽取许多样本，然后计算这些样本的平均值。

蒙特卡洛采样使得贝叶斯方案在科学研究中的应用成为可能。以前，贝叶斯模型难以计算，甚至无法计算。

具体说来，我们会介绍下列算法：

- 拒绝采样和重要度采样。它们是许多其他模型的基础。
- 马尔可夫链蒙特卡洛（Markov Chain Monte-Carlo）和 Metropolis-Hastings 算法。

这两个算法会涵盖蒙特卡洛方法的大部分知识。而今，许多新的算法也逐渐被提出。

5.1 从分布中采样

通常概率图模型有一个比较大的问题：难以控制。概率图模型会变得非常复杂，以至于无法在合理的时间内运行任何逻辑，更不用说学习模型了。对于期望最大化这类简单的算法，我们需要计算每次迭代的后验概率。如果像当今的情况，数据集太大，模型又有许多维度，那么该算法也变得无法使用。而且，我们还只是局限在一小类分布上，例如多项式分布或者高斯分布。尽管它们可以涵盖大量的应用，但是并不是任何问题都是如此。

在本章中，我们基于采样的思想，考虑一类新的算法。这类采样的意图是随机抽取一些服从特定分布的参数的值。例如，如果投掷一枚硬币，我们可以从多项式分布中抽取一个样本，使得样本可以取 6 个值，并且概率相同。结果是从 1 到 6 之间的数。如果骰子不是公平的（比如 6 拥有较大的概率），那么我们很有可能获得 6 的次数比其他数字多。如果多次投掷骰子，我们可以计算结果的平均值，很有可能看到一个靠近 6 而非靠近 3 的数字。

在许多问题中，我们更关心分布的特性，不是分布本身。例如，它的平均值或方差。这意味着，在许多问题中，我们希望通过概率分布 $P(x)$ 知道函数 $f(x)$ 的期望。这里，x 可以是任意维度上的任意随机变量。例如，$P(x)$ 可以是多变元高斯分布或概率图模型。

对于连续变量的情形，我们希望解决估计期望的原生问题，如图 5-1 所示。

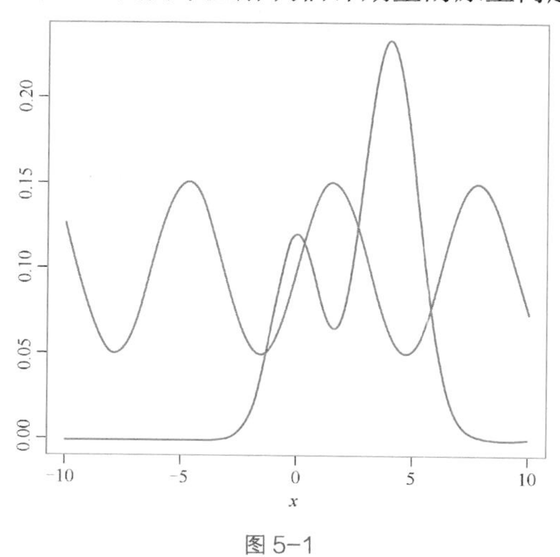

图 5-1

$$E(f)=\int f(x)p(x)\mathrm{d}x$$

当 x 是离散值时，积分替换成求和。

在上面截图的例子中，分布用红线表示，函数用绿线表示。我们会马上发现许多问题都从这样的分布中抽样得到。

本章的算法尝试解决许多类似的问题。

采样的主要思想是使用从分布 $P(x)$ 中独立抽取的样本的求和代替对积分的估计。之前的期望可以近似地写成一个有限加和的形式：

$$\hat{f}=\frac{1}{L}\sum_{l=1}^{L}f(x^{(l)})$$

如果样本来自于分布 $P(x)$，那么$E(\hat{f})=E(f)$。类似的，这个估计的方差是：

$$var(\hat{f})=\frac{1}{L}\sum E(f-E(f))^2$$

在这个方法中，问题是要获取独立样本。实际情况并非总是如此，有效的样本数量可能比抽样的数据点要少。但是，从之前的公式可以看到，$\hat{f}$ 的方差，并不依赖 x 的维度。这表明，即使在图模型这样的高维度问题中，我们也可以通过少量的样本获得较高的精确度。

但是，正如之前所述，主要问题是从分布 $P(x)$ 中采样。有时，这个问题很难解决甚至无法解决。当分布 $P(x)$ 是以有向图模型表示时（就像本书的大部分模型一样），采样工作会很简单，叫作**祖先采样**（Ancestral Sampling）。

给定变量 x_i 在图中的顺序，比如从上到下，我们可以连续地从每个变量上采样，并把相应变量的采样值赋给来自后代的样本上。例如，假设我们有图 5-2 所示的图。

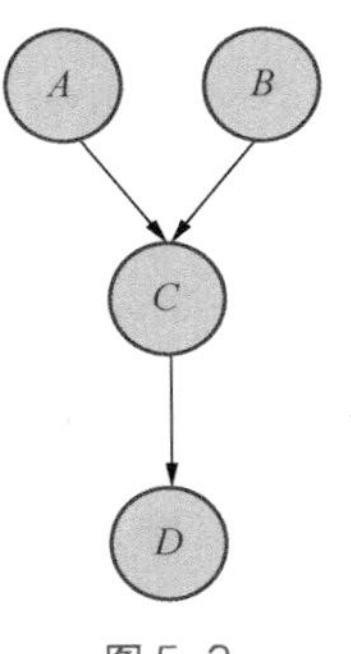

图 5-2

我们首先分别从 $P(A)$ 和 $P(B)$ 采样，然后把采样值赋给 $A=a$ 和 $B=b$，以便我们可以从 $P(C|A=a,B=b)$ 中采样。最后一个采样是从 $P(D|C=c)$ 中采样。如果所有的变量都观察不到，那么过程很简单。但是，如果有一个变量可以观察到，我们就需要保证采样值和可观测变量的值相一致。例如，如果我们有 $A=a1$，那么我们只能对 $A=a1$ 下的分布采样。这种情况下，并不是所有的样本都有用，而且所抽取的样本量和可用的样本量之间的差距可能会很大。因为每次样本集合都与观察值不一致，我们只能抛弃。可接受的样本集合概率会随着可观测变量数目的增多而减少。

5.2 基本采样算法

我们首先看一下基本的采样算法，这些算法可以作为子模块用在其他更加复杂的方法中。本书所有的算法中，我们假设可以从区间 [0,1] 均匀地随机生成一些数字。计算机生成随机数的问题比较复杂和宽泛。在多数情况下，随机数是通过确定的算法生成的，因此叫作**伪随机数**（Pseudo-random Numbers）。这些数字事实上并不是随机的。但是它们的分布和属性都非常接近真正的随机数生成器，因此可以作为真正的随机数使用。伪随机数生成器通常基于混沌函数的评估结果，其对初始条件，即**种子**（Seed），非常敏感。即使前后两次种子的差异非常小，这些改变也可以生成完全不同的随机数序列。如今，我们还有电子设备可以从诸如热力噪音、光电效应、量子现象等物理现象中生成随机数。

5.2.1 标准分布

在 R 语言中，我们可以从标准分布中生成随机数。但是，为了便于理解，我们会回顾一下如何从均匀分布中生成随机数。

R 语言的随机数生成可以通过以字母 `r` 开头的一类函数实现，例如 `runif`、`rnorm`、`rbeta`、`rbinom`、`rcauchy`、`rgamma`、`rgeom`、`rhyper`、`rlogis` 等。事实上，密度可以通过以字母 `d` 开始的函数实现，累积分布可以通过以字母 `p` 开始的函数实现。

例如：

```
runif(1)
[1] 0.593396
```

这里，函数的参数是希望得到的随机数的个数：

```
runif(10)
 [1] 0.7334754 0.2519494 0.7332522 0.9194623 0.5867712 0.3880692 0.2869559
 [8] 0.7379801 0.4886681 0.5329107
```

当然，这些都是（伪）随机数，因此结果可能和刚才的例子不同。

```
rnorm(1,10,1)
[1] 9.319718
```

这个函数生成了正态分布的随机数，其中平均值是 10，方差是 1。如果我们生成许多随机数，画出实时的平均值，我们会看到平均值逐渐收敛到真实数值。这是贯穿本章以及采样算法的主要性质。如图 5-3 所示。

```
x <-rnorm(1000, 10, 1)
y <-cumsum(x)/(1:1000)
plot(y, t ='l')
abline(h =10)
```

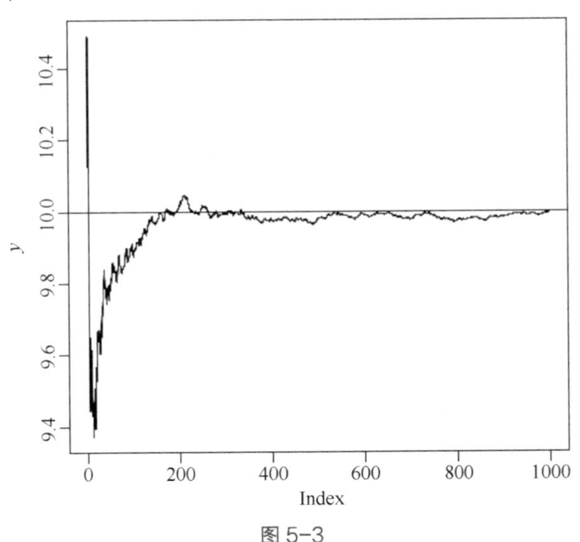

图 5-3

从简单分布中生成随机数是一切采样算法的基础。我们已经知道如何从均匀分布中生成随机数。在 R 中，我们可以使用 `runif(1,0,1)`。参数 `min` 和 `max` 默认为 0 和 1。因此 `runif(1)` 也是可以运行的。

假设我们用函数 $f(.)$ 转换均匀分布的随机数，以便满足 $y=f(x)$。y 的分布就是：

$$p(y)=p(x)\left|\frac{\mathrm{d}x}{\mathrm{d}y}\right|$$

我们需要函数 $f(x)$，保证 y 的分布与期望的分布 $p(x)$ 一致。加入 $p(y)$，我们有：

$$x=h(y)\equiv\int_{-\infty}^{y}p(\hat{y})\mathrm{d}y$$

因此，$y=h^{-1}(x)$，它是期望分布的不定积分上的逆函数。我们以指数分布为例。这个分布是连续的，其中密度函数是 $p(x)=\lambda\exp(-\lambda x)$，取值范围 $[0,+\infty]$。加入 $h(y)$，我们有 $h(y)=1-\exp(-\lambda y)$，即指数分布的累计分布函数。

另外，指数分布在描述泊松过程中的间隔时长非常有用。它可以看作几何分布的连续值版本。

因此，如果我们把均匀分布的变量 x 换成函数 $h^{-1}=-\lambda^{-1}\ln(1-x)$，可以得到指数分布。

我们可以尝试性地绘制函数的分布，并与指数分布作比较。取 lambda=2：

```
x <-runif(20000)
inv_h <-function(x, lambda) -(1/lambda) *log(1 -x)
hist(inv_h(x, 2), breaks =100, freq = F)
t <-seq(0, 4, 0.01)
lines(t, dexp(t, 2), lw =2)
```

我们首先从均匀分布 U(0,1) 中生成 2 000 个点。inv_h 是之前我们定义的函数。我们画出柱状图。注意参数 freq=F，确保画出密度图而不是频度图。最终，我们使用同样的参数画出了指数分布的密度函数（图中黑色曲线），并看到两个分布：一个是经验分布，一个是解析分布。二者吻合得很好。

图 5-4 所示的截图给出了结果。

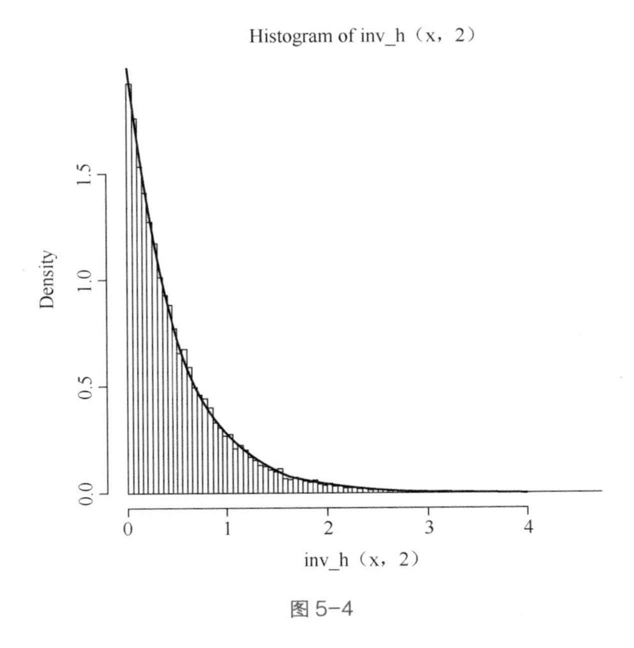

图 5-4

这个技术的主要问题是对不定积分的评估。在简单情形下，这个积分通常可行，但并不保证总是可行。这样的话，我们需要另外一种策略，方案是使用更简单的分布来近似复杂的分布，以便采样。有两项基本技术可以实现。一个是**拒绝采样**（Rejection Sampling），它使用简单分布进行采样，同时允许样本服从更加复杂的分布。否则就把样本拒绝掉。另外一项技术是**重要性采样**（Importance Sampling）。在这种情况下来自近似分布的样本会被纠正，以便把偏离原始分布的差异考虑进来。

这两种技术都很重要，都可以作为先进技术的基础，例如**马尔可夫链蒙特卡洛**（Markov Chain Monte Carlo，MCMC）。我们会在本章的第二部分看到。

无论哪种情形，一个主要思想是使用**建议分布**（Proposal Distribution），其目的是近似需要从中采样的分布。我们会记 $q(x)$ 为建议分布，$p(x)$ 为初始分布。

5.3 拒绝性采样

假设我们想从一个不简单的分布中抽取样本。记这个分布为 $p(x)$，并假设我们可以对任意 x 给出 $p(x)$，同时用常数 Z 做归一化：

$$p(x)=\frac{1}{Z_p}\tilde{p}(x)$$

在这个问题中，$p(x)$ 太过复杂，以至于无法抽样。但是我们有另一个更加简单的分布 $q(x)$ 可以从中采样。然后，我们假设存在常数 k 满足对于所有 x 的值，有 $kq(x) \geqslant \tilde{p}(x)$。函数 $kq(x)$ 是比较函数，如图 5-5 所示。

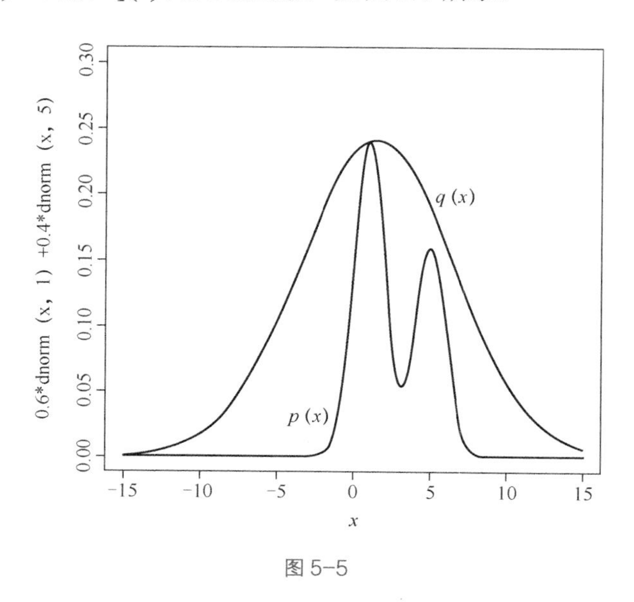

图 5-5

分布 $p(x)$ 通过简单分布生成：

```
0.6 *dnorm(x, 1) +0.4 *dnorm(x, 5)
```

拒绝采样算法基于下列思想：

- 从建议分布 $q(z)$ 中抽取样本 z_0。
- 从 $[0,kq(z_0)]$ 上的均匀分布中抽取第二个 u_0。
- 如果 $u_0>\tilde{p}(z_0)$，那么拒绝样本，否则接受 u_0。

在图 5-6 中，如果落在灰色区域，那么值对 (z_0,u_0) 要被拒绝。可接受的值对是曲线 $p(z)$ 下的均匀分布，因此 z 值分布与 $p(z)$ 对应。

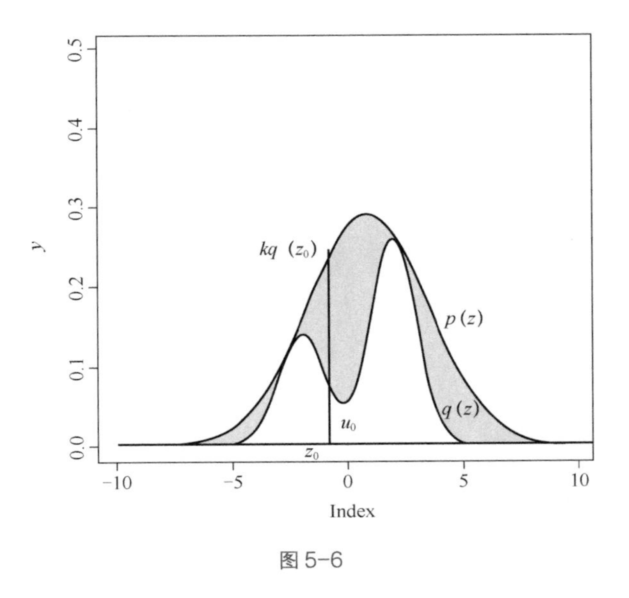

图 5-6

这个值对被接受的概率是：

$$p(accepted)=\frac{1}{k}\int\tilde{p}(z)\mathrm{d}z$$

因为这个概率依赖于 *k*，因此建议分布需要尽可能地接近真实分布。否则算法会收敛得很慢，还会变得没有实际价值。

这个算法非常简单，实现起来也不难。但是它受困于严重的维度问题。在概率图模型中，维度通常会变得很大。拒绝采样通常是一维或者二维问题的合格方案。但是拒绝率会随着维度呈指数增长。因此，拒绝采样可以当作更复杂算法的子方案来生成一些简单的概率分布样本。

5.3.1 R 语言实现

我们思考一下带有正态分布的高斯混合分布的估计问题。高斯混合和建议分布如下图所示，其中建议分布用红色表示，且 k=3.1。

高斯混合分布用黑色表示，且有两个峰值，如图 5-7 所示。

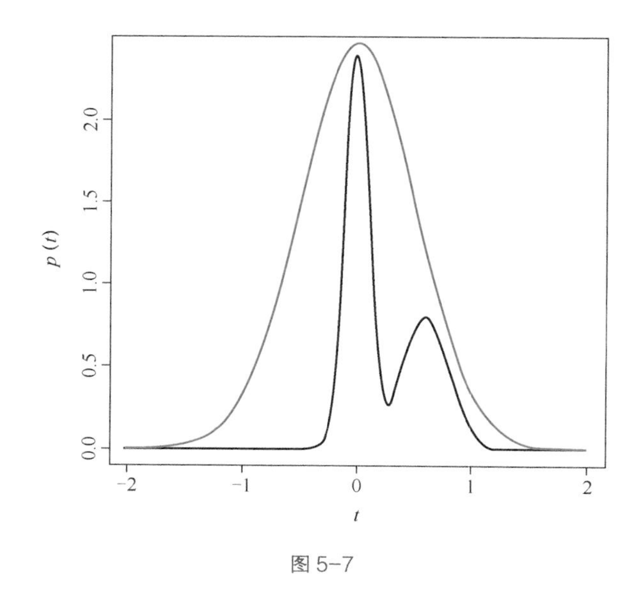

图 5-7

我们可以使用 R 语言定义建议分布和目标分布，如下：

```
q <-function(x) dnorm(x, 0, 0.5)
rq <-function(x) rnorm(1, 0, 0.5)

p <-function(x) 0.6 *dnorm(x, 0, 0.1) +0.4 *dnorm(x, 0.6, 0.2)
```

参数是任意的。我们的建议分布 q 以 0 为中心，标准差为 0.5。目标分布是有两个模块的高斯混合分布。

拒绝算法如下：

```
rejection <-function(N,k,p,q,rq)
{
  accept <-logical(N)
  x <-numeric(N)

  for(i in 1:N)
  {
    z0 <-rq() # draw one point from the proposal distribution
    u0 <-runif(1,0,1) # drawn one point from the uniform

    if(u0 <p(z0)/(k*q(z0))) # rejection test
      accept[i] <-TRUE
```

```
    else accept[i] <-FALSE

    x[i] <-z0
  }

  data.frame(x=x,accept=accept)
}
```

参数如下：

- N：样本数。
- k：建议分布的系数。
- p：要估计的分布。必须传递带有一个参数的函数。
- q：建议分布（和之前定义的讨论相同）。
- rq：建议分布的采样器。

这个算法会做 N 次采样，接收或拒绝 `for` 循环中的每一个样本。结果存放在一个 `data.frame` 中。我们会保存所有的样本，比较拒绝采样之间的结果。第一列是样本，第二列是表征样本被接收与否的二元值。

算法的理论描述如下：

1. 我们首先创建两个向量，`accept` 和 `x`，以便存放结果。

2. 我们运行一次循环：

（1）从建议分布中抽取样本 `z0`。

（2）[0,1] 上的均匀分布中抽取样本 `U0`。

（3）接受或拒绝得到的值，并保存结果。

让我们做几个试验，理解一下这个算法的逻辑。在这些试验中，为了让读者能够重现相同的结果，我们会使用固定的种子，如下：

```
set.seed(600)
```

而且，我们会使用尺度因子 `k=3.1`：

```
k <-3.1
```

因此，第一个试验是用 100 个样本运行算法：

```
x <-rejection(100, k, p, q, rq)
```

结果保存在数据框 x 中，头部数据如下：

```
head(x)
            x      accept
1 -0.56007075 FALSE
2 -0.18000011 FALSE
3 -0.07572593 TRUE
4 -0.72502107 FALSE
5 -0.60916359 FALSE
6  0.97963839 FALSE
```

我们可以看到，并不是所有的数据点都被接受了。在我们的例子中，100 个点中的 47 个点被接受。看一下被接受点的柱状图，我们其实离目标分布还很远。这意味着，我们需要更长时间运行算法，如图 5-8 所示。

```
t <-seq(-2, 2, 0.01)
hist(x$x[x$accept], freq = F, breaks =200, col ='grey')
lines(t, p(t), col =2, lwd =2)
```

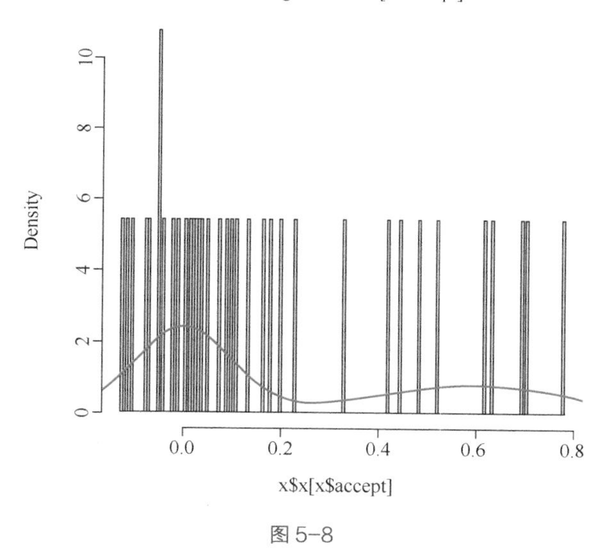

图 5-8

在这个图中，我们可以看到接受的样本重新聚在高概率区域。但是仅仅运行一小部分样本是不够的。红色曲线才是我们的目标分布。

现在我们用 5 000 个样本运行算法：

```
x <-rejection(5000, k, p, q, rq)
hist(x$x[x$accept], freq = F, breaks =200, col ="grey")
lines(t, p(t), col =2, lwd =2)
```

我们希望在第二次运行结果中看到接受的样本可以更好地集中分布在目标分布的高概率区域中。

图 5-9 展示了结果。

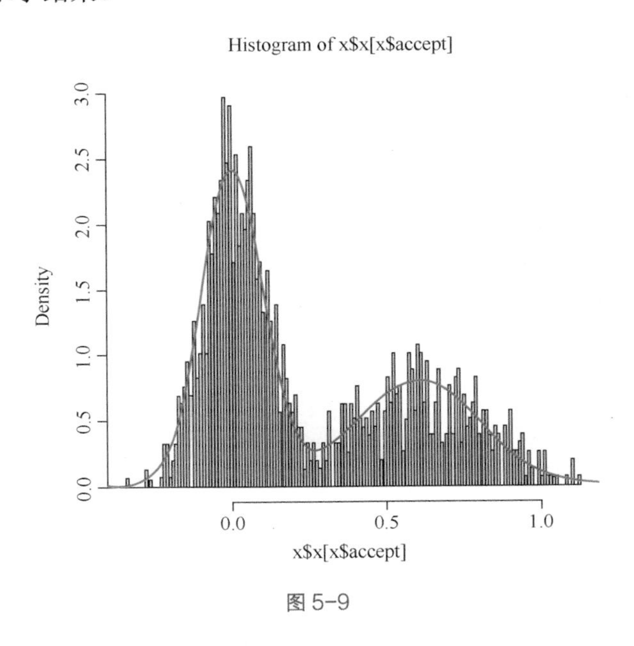

图 5-9

这个图确实看起来好一些了。柱状图服从真正的分布，但是还是不够完美。事实上，被接受样本的数量并不高：

```
sum(x$accept)
1581
```

如果我们运行算法的时间更长，我们会得到更好的样本集合，并且更加接近目标分布。

因此，现在我们用 50 000 个样本运行算法。运行完成之后，我们发现有 16 158 个样本被接受了。结果也好了很多。

分布的两个高值被正确地展示出来，经验分布也非常接近目标分布。这是我们用较长运行时间换来的结果，如图 5-10 所示。

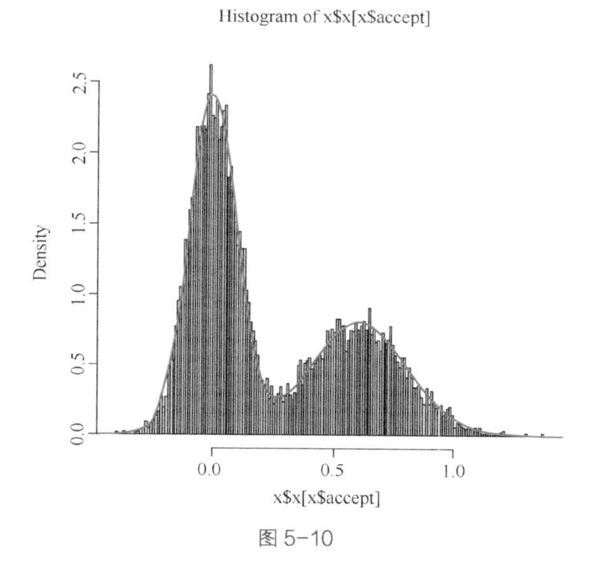

图 5-10

如果我们对所有建议分布的样本点（不管是否接受）绘制柱状图，它们也非常接近建议分布，如图 5-11 所示。

```
hist(x$x, freq = F, breaks =200, col ='grey')
lines(t, q(t), col =2, lwd =2)
```

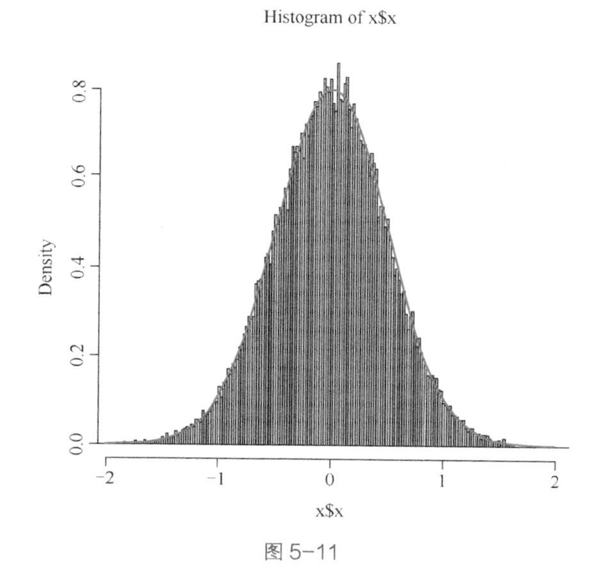

图 5-11

最后，我们看一下算法中被接受样本的数量。我们运行一个简单的函数，如下：

```
N <-sapply(seq(1000, 50000, 1000),
   function(n)
{
        x <-rejection(n, k, p, q, rq)
        sum(x$accept)
})
```

我们画出结果，如图 5-12 所示。

```
plot(N, t ='o')
```

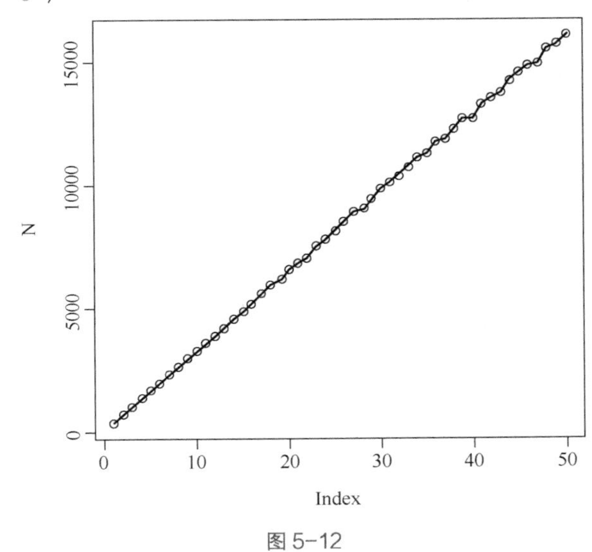

图 5-12

结果并不意外。样本越多，被接受的量就越多。因此我们会有一个有趣的线索：长时间运行算法，确实可以从被接受样本量的角度来改善结果。

拒绝采样的问题是我们需要抽样许多点以便得到好的结果。然而，它依然是一个很好的方法，可以用在许多问题中。在下一节中，我们会研究对拒绝采样的改进，即**重要性采样**（Importance Sampling）。这个算法会接受所有的样本点。

5.4 重要性采样

重要性采样是对拒绝采样的改进。所有假设都是一样的，我们会使用建议分布 $q(x)$。我们还要假设可以计算概率 $P(x)$ 的密度值。但是由于分布太复杂，我们无法从中抽取样本。

重要性采样基于下列推理，其中我们需要评估分布 $q(x)$ 下函数 $f(x)$ 的期望：

$$E(f)=\int f(x)p(x)\mathrm{d}x$$

现在，我们引入分布 $q(x)$：

$$E(f)=\int f(x)\frac{p(x)}{q(x)}q(x)\mathrm{d}x$$

和之前一样，我们用有限加和近似这个值：

$$\hat{E}(f)\simeq\frac{1}{L}\sum_{l=1}^{L}\frac{p(x^{(l)})}{q(x^{(l)})}f(x^{(l)})$$

比值 $r_l=\frac{p(x^{(l)})}{q(x^{(l)})}$ 叫作**重要性权重**（Importance Weight），它是由分布 $q(x)$ 引入的。在这种情况下，算法非常简单，因为所有的样本都会用到。而且，当建议分布和原始分布非常接近的时候，重要性采样的效率很高。如果函数 $f(x)$ 变化很剧烈，我们可以在 f 取大值的区域下终止算法。分布 p 在这个区域的值应该很小，加和也应该主要受低概率区域的影响。因此很有必要提高样本数量来得到更好的结果。尽管没有被拒绝的样本，有效样本数量应该低于真实的样本数量。

对于带有离散值的图模型，我们可以通过下列方法使用重要性采样：

- 对于图中的每一个变量 x：
  - 如果变量在证据集（x 可以被观测到）中，那么把它设置成自己的观测值。
  - 否则，它会从 $p(x|pa(x))$ 中抽样，其中 $pa(x)$ 中的变量设置成采样（观测）值。因此，从 $p(x|pa(x))$ 中抽样变成了一个简单的问题。

与这个算法相关的样本权重计算如下：

$$r(x)=\prod_{x\notin E}\frac{p(x\,|\,pa(x))}{q(x\,|\,pa(x))}=\prod_{x\notin E}\frac{p(x\,|\,pa(x))}{1}=\prod_{x\notin E}p(x\,|\,pa(x))$$

我们介绍的两种算法在低维度上都很有意义，而且可以很容易地实现。但是，我们也看到它们在高维度时都会严重受限。甚至，尽管所有的样本都会被接受，重要性采样也需要较长的收敛时间。本章的其余部分会介绍非常强大的、基于马尔可夫链的框架，即**马尔可夫链蒙特卡洛**（Markov Chain Monte Carlo，MCMC）。

5.4.1 R 语言实现

拒绝采样和重要性采样的区别在于，后者作为对复杂分布的近似平均，并不像一个典型的抽样算法。

通常，有下列算法：

$$\int_X \frac{f(x)p(x)}{q(x)}q(x)\mathrm{d}x \simeq \frac{\dfrac{\sum_{i=1}^N f(x_i)p(x_i)}{q(x_i)}}{\dfrac{\sum_{i=1}^N p(x_i)}{q(x_i)}}$$

这里 $x_i \sim q$，即 x_i① 来自于分布 q。

这个公式给出了简单算法。我们需要从 q 中采样，然后用到之前的公式中。我们可以用这个算法估计所有 $f(x)$ 函数。

在这种情况下，分布函数 q 不必像拒绝采样那样，支持扩展。而且，与拒绝采样的思想不同，所有的样本都会被接受。但是，这个算法受制于积分的计算，也不能从目标分布中生成样本。

所以，我们看到重要性采样有不同的用例场景。

这个算法可以用 R 语言实现，代码如下：

```
importance <-function(N, f, p, q, rq)
{
  x <-sapply(1:N, rq)  # sample from the proposal distribution

  A <-sum((f(x) *p(x))/q(x))   # numerator
  B <-sum(p(x)/q(x))   # denominator

  return(A/B)
}
```

参数如下：

- N：样本数。
- f：希望得出期望的函数。

① 原书此处为 x，应为笔误。

- p：目标分布函数。
- q：建议分布函数。
- rq：建议分布的采样器。

在下列例子中，我们会估计几个分布的平均值，因此函数 f 应该是 R 中 `identity` 函数。

算法很简单，是对之前公式的实现：

1．从建议分布中抽取 N 个点。

2．计算公式的分子和分母。

3．返回结果。

在下个例子中，我们会计算下列例子的平均值：

- 使用拒绝采样中的高斯混合分布。
- 使用高斯分布近似学生 t-分布。
- 使用指数分布近似 Gamma-分布。

和之前一样，为了能够重现结果，我们会首先设置种子，R 代码如下：

```
set.seed(600)
```

第一个例子有两个分布，其中黑色曲线是目标分布，红色曲线是建议分布。我们看到和拒绝采样中一样的高斯混合分布，如图 5-13 所示。

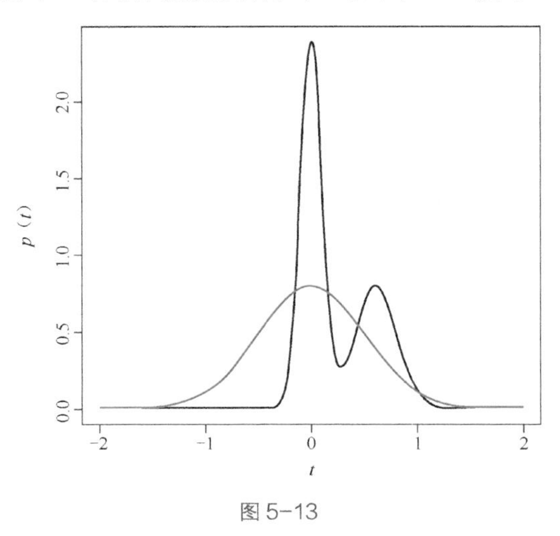

图 5-13

接下来，例子使用学生 t-分布和高斯分布作为建议分布。在这个例子中，学生 t-分布有两个自由度，高斯分布的平均值是 0，方差是 1.5。

图 5-14 给出了两个分布。

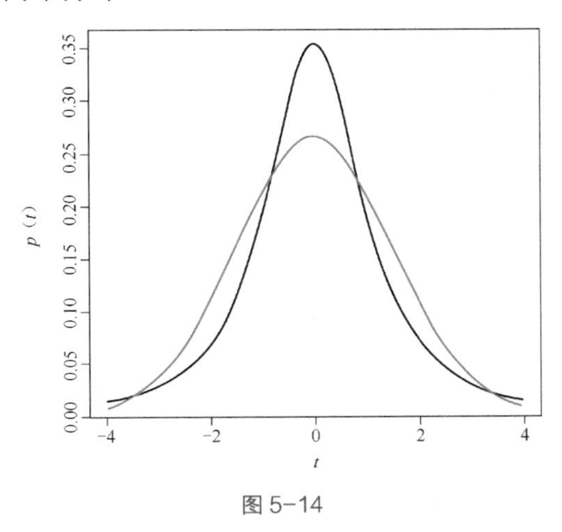

图 5-14

最后一个例子使用 Gamma-分布作为目标分布，指数分布作为建议分布。

Gamma-分布的形状参数是 2。指数分布的速率参数是 0.5。

这两个分布的取值可以从 0 到无穷。事实上，重要性采样要求：如果建议分布的概率为 0，目标分布的概率也必须为 0。

图 5-15 给出了 Gamma-分布和指数分布。

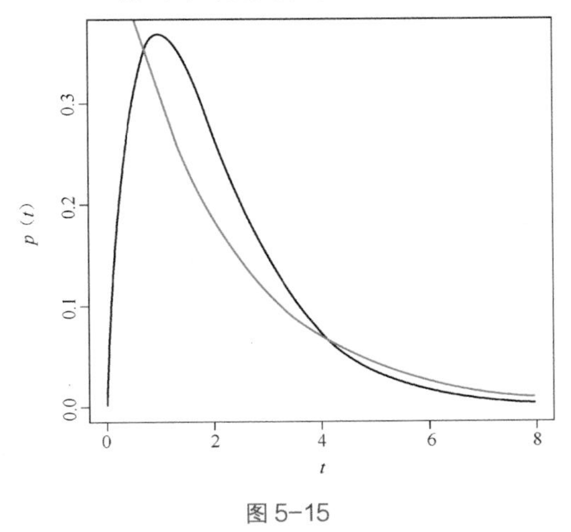

图 5-15

我们可以用R语言定义3个例子的函数，如下。

对于由高斯分布近似的高斯混合分布，我们有：

```
p <-function(x) 0.6 *dnorm(x, 0, 0.1) +0.4 *dnorm(x, 0.6, 0.2)
q <-function(x)  dnorm(x, 0, 0.5)
rq <-function(x) rnorm(1, 0, 0.5)
```

对于由高斯分布近似的学生t-分布，我们有：

```
p <-function(x) dt(x, 2)
q <-function(x) dnorm(x, 0, 1.5)
rq <-function(x) rnorm(1, 0, 1.5)
```

对于由指数函数近似的Gamma-分布，我们有：

```
p <-function(x) dgamma(x, 2)
q <-function(x) dexp(x, 0.5)
rq <-function(x) rexp(1, 0.5)
```

然后我们运行第一个例子：

```
print(importance(1000, identity, p, q, rq))
print(importance(10000, identity, p, q, rq))
print(importance(50000, identity, p, q, rq))
```

高斯混合的理论平均值是0.24。我们的代码给出下列结果：

```
[1] 0.2256604
[1] 0.2364267
[1] 0.2409898
```

我们看到拥有的样本越多，估计就越准确。但是，我们也看到，使用10 000个样本，结果已经足够精确。这是重要性采样的一大优势：即使我们需要的样本数要比拒绝采样少，也同样可以完成任务。

第二个例子使用学生t-分布和高斯分布，结果如下：

```
[1] -0.00285064
[1] 0.07353888
[1] 0.06475101
```

由于学生t-分布以0为中心，因此理论结果是0。

第三个例子使用Gamma-分布和指数分布，结果如下：

```
[1] 1.971177
[1] 2.002985
[1] 1.994183
```

我们再次看到当样本数从 1 000 增加到 10 000，结果得到了改进。使用 10 000 个样本后，结果似乎并不再有明显改进，于是我们停止算法。

同时注意到，之前的例子可以使用完全一样的代码再次运行。读者需要注意每次重新定义函数 *p*、*q* 和 *rq*。

下一个试验中我们打算使用不同的样本规模来运行算法，看看估计的平均值是如何收敛到真实值的。

我们重新运行算法三次，每次都改变函数 *p*、*q* 和 *rq*：

```
t <-seq(1000, 50000, 500)
x <-sapply(t, function(i) importance(i, identity, p, q, rq))
```

这个代码会使用重要性采样算法，运行 500 次，样本量从 1 000 到 50 000。抽取的样本越多，估计的平均值越准确。

第一个试验，使用高斯混合模型和高斯分布，结果如图 5-16 所示。

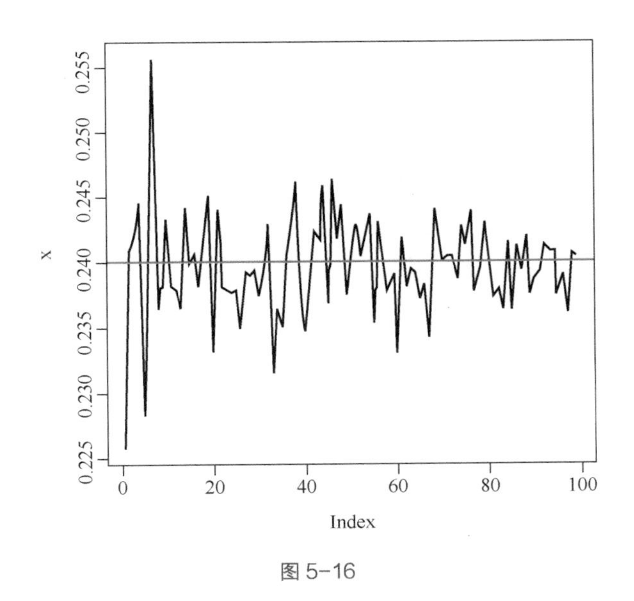

图 5-16

第二个例子，使用学生 t-分布，结果如图 5-17 所示。

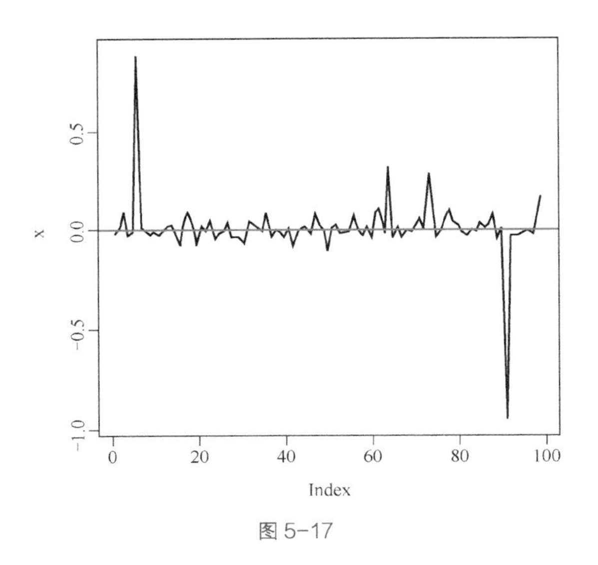

图 5-17

在这个例子中，我们可以看到，虽然收敛得很好，但是有时还是有意想不到的结果。我们的建议分布似乎近似得并不好。事实上，和拒绝采样算法相比，重要性采样算法会非常敏感。建议分布给出的结果并不是完全稳定的。

最后一个例子使用 Gamma-分布和指数分布，作为建议分布。图 5-18 所示的截图给出了结果。

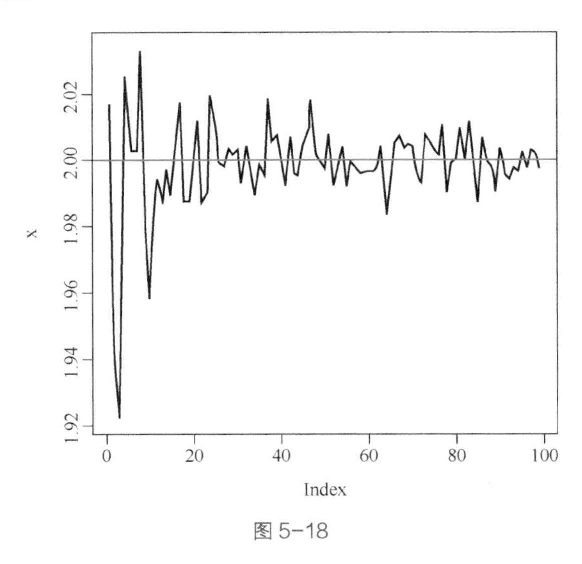

图 5-18

这里我们看到结果明显收敛了。开始的时候，样本的数量很少，无法给出准确结果。然后随着样本数的增加，结果越来越精确。

在下一节中，我们会看到更先进的技术（可以从任意分布中采样），即马尔可夫蒙特卡洛采样。它是非常强大的方法，在当今解决问题中应用也很广。

5.5 马尔可夫链蒙特卡洛算法

MCMC 方法源自 Metropolis、Ulam 和 Rosenbluth 在物理学中的工作。20 世纪 80 年代，该方法在统计学中有巨大影响。人们提出了许多 MCMC 算法和方法，成为计算后验概率分布中最成功的方法。

我们使用词语框架（framework），而不是算法（algorithm），这是因为没有单一的 MCMC 算法，而是有许多 MCMC 算法。基于要解决的问题，许多策略都可以实现 MCMC 算法。

蒙特卡洛方法已经使用了半个多世纪，解决了许多复杂的估计问题。但是，它的主要缺点在于高维空间的收敛问题。

因此马尔可夫链会在一开始估计收敛问题和稳定问题。但是直到最近（20 世纪 80 年代和 90 年代），才广泛地在统计估计中使用。

5.5.1 主要思想

马尔可夫链蒙特卡洛和之前的思想类似。我们有个复杂的分布 $p(x)$ 和建议分布 $q(x)$。但是，在这个例子中，变量 x 的状态会一直保存下来，建议分布依赖于变量的当前状态，也就是说从 $q(x|x_{t-1})$ 采样。x 序列形成一个马尔可夫链。

马尔可夫链蒙特卡洛的主要思想是在算法的每一步中，我们从 $q(x|x_{t-1})$ 抽取一个样本，并基于一定的标准接受样本。如果样本被接受了，那么 q 的参数会根据新的采样值更新。持续这一步骤，直到新的样本不改变 q。所以我么希望选取简单的 q 分布，使过程更快。

和之前一样，我们要解决的问题是根据复杂分布得到一个函数的期望：

$$E(f)=\int f(x)p(x)\mathrm{d}x$$

假设我们可以估计 $p(x)$，或者至少可以用一个正则化常数去估计它：$p(x) \propto \tilde{p}(x)$。为了解决采样问题，人们提出了 Metropolis-Hastings 算法（1953 年的 Metropolis 和 1970 年的 Hastings），提供了一种构建遍历和稳定的马尔可夫链的原生方法。

换句话说，这意味着如果 $x_t \sim p(x)$，那么 $x_{t+1} \sim p(x)$。因此马尔可夫链会收敛到分布 $p(x)$。

马尔可夫链蒙特卡洛算法的原理在某种意义上与拒绝采样和重要性采样相反。它不会直接关注整个建议分布，而是使用更简单的分布发掘 $p(x)$ 的空间。

做一个类比。这个例子曾经被法国巴黎第九大学和英国华威大学的 Christian Robert 教授提过。

假设你是一名博物馆的游客。突然里边灯都灭了，整个博物馆都漆黑一片。唯一可以观看画作的方法是用一个手电。手电的光柱非常细，只能看见画作的一小部分。但是你可以移动手电，看到画作的全部部位。然后你就有了一个整体印象。当然，你可以说整个画作不等同于简单把局部加起来。这就是另一回事了。

5.5.2 Metropolis-Hastings 算法

这个算法会生成采样值 x_t 的序列，以便序列可以收敛到 $p(x)$。所以整个值链是 $p(x)$ 的一个样本。这些值近似地服从 $p(x)$ 分布。但是，在开始的时候，由于每一个值都依赖于之前的值，第一个样本也依赖于初始值 x_0。因此，我们不推荐使用初始值来启动算法。

回忆一下之前算法的结果。根据马尔可夫链，我们可能会看到，尽管确定算法何时趋于稳定很困难，但是样本的平均值很有可能会收敛到 $E(f)$，经验平均值定义如下：

$$\tilde{E}(f) = \frac{1}{L}\sum_{l=1}^{L} f(x^{(l)})$$

这个值几乎必然收敛到 $E(f)$。回忆一下几乎必然收敛的定义。随机变量的序列 $X_1, X_2, \ldots, X_n$ 几乎必然收敛到变量 X，如果：

$$p(\{s \in S : \lim_{n \to \infty} X_n(s) = X(s)\}) = 1$$

当然，我们不可能真的从变量的无限序列中采样，但是我们可以保证收敛。因此理论上讲，我们知道它会收敛，从马尔可夫链中采样等同于从分布中独立同分布采样。实际操作中，我们需要很多样本，得到好的结果。

Metropolis-Hastings 算法流程如下：

1．抽取值 $x_t \sim q(x_t|x_{t-1})$，其中 $q(x)$ 是建议分布。

2．计算接受概率：

$$\rho(x_t, x_{t-1}) = \min\left\{1, \frac{\tilde{p}(x_t)q(x_{t-1}|\ x_t)}{\tilde{p}(x_{t-1})q(x_t|\ x_{t-1})}\right\}$$

3．取 x_t 值为概率 $\rho(x_t, x_{t-1})$，x_{t-1} 概率 $1\text{-}\rho(x_t, x_{t-1})$。

给定 $q(x)$，算法会保留马尔可夫链中分布 $p(x)$ 的稳定性。这个算法可以理论上保证收敛到一个任意的分布 $q(x)$。这是一个令人满意的结果，也助推了算法的广泛使用。但是实际问题通常比较复杂，因为如果建议分布 $q(x)$ 很窄，收敛可能会出现得很晚。另外，太宽的分布也可能收敛到不稳定的结果上。算法还会收敛，但是可能步长很大。由于过早地离开高概率的区域，算法可能会错过原始分布 $p(x)$ 最重要的部分。

样本 x_t 的序列代表了随机游走，我们可以看看简单例子中轨迹的形状，来解释之前问题中的收敛现象。

我们想从二维高斯分布中采样，并使用更简单的二维高斯分布作为建议分布。为了处理高维高斯分布，我们需要程序包 MASS：

```
library(MASS)
bigauss <-mvrnorm(50000, mu =c(0, 0), Sigma =matrix(c(1, 0.1, 0.1, 1), 2))
bigauss.estimate <-kde2d(bigauss[, 1], bigauss[, 2], n =50)
contour(bigauss.estimate, nlevels =6, lty =2)
```

这个代码片段绘制了简单的二维高斯分布，如下图所示。我们会使用更简单的高斯分布，它的平均值会从当前的高斯分布中采样得到。这还不是 Metropolis-Hastings 算法的应用，它只是可视化不同协方差下随机游走的例子，可以展示几次迭代过后轨迹的走向。

随机游走的起点位于大的高斯分布的某一中心，即例子中坐标 (0,0)，如图 5-19 所示。

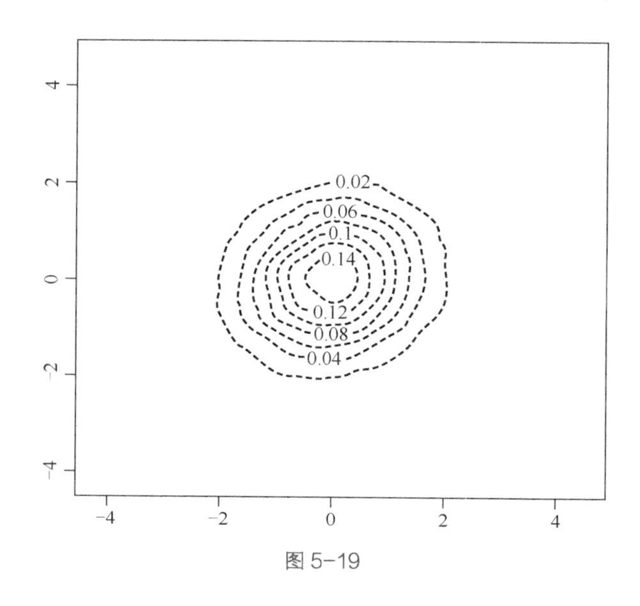

图 5-19

下图展示了小的建议分布，用红色等高线表示，如图 5-20 所示。

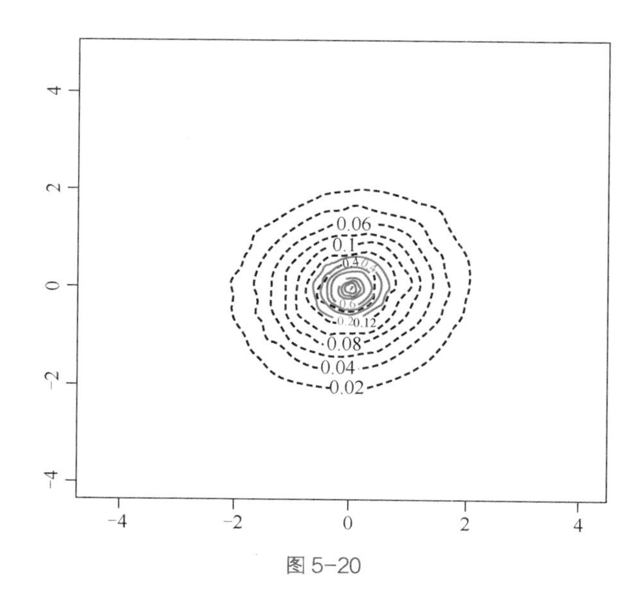

图 5-20

下面的代码在小的高斯分布中心随机采样，并用之前的值更新中心：

```
L <-10
smallcov <-matrix(c(0.1, 0.01, 0.01, 0.1), 2)
x <-c(0, 0)
for (i in 1:L)
{
  x2 <-mvrnorm(1, mu = x, Sigma = smallcov)
  lines(c(x[1], x2[1]), c(x[2], x2[2]), t ="p", pch =20)
  x <-x2
}
```

我们给出了 3 个例子，数据点分别是 10 个、100 个和 1 000 个。可以明显看到，几次迭代过后，纯粹的随机游走完全不服从初始的大分布。例如，1 000 次迭代后，随机游走完全偏离。如图 5-21 所示。

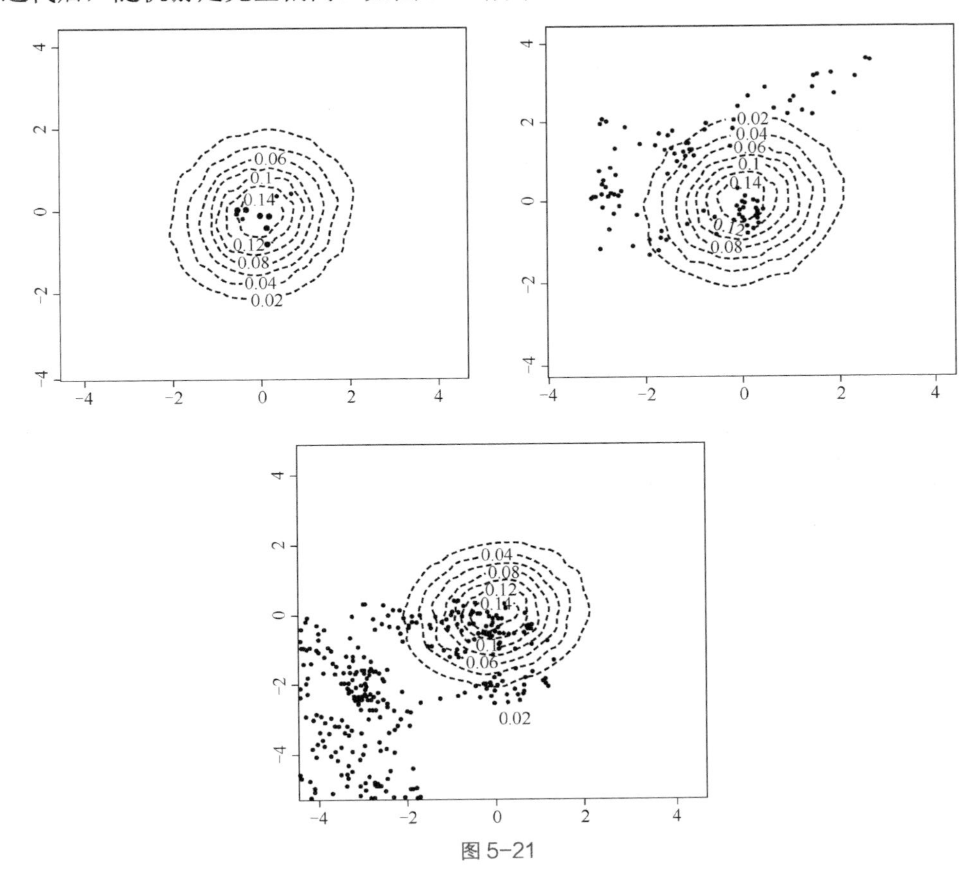

图 5-21

现在，完成所有 Metropolis-Hastings 算法的 R 语言流程。由于假设可以估计目标分布 $p(x)$，我们会使用程序包 mvtnorm 中的 dmvnorm 函数。要解释这个算法的行为，我们取一个简单的高斯分布作为 $p(x)$，以及更简单的均匀分布作为 $q(x)$。

所以建议分布就是：

$$q(x_t | x_{t-1}) = \frac{1}{2\alpha} I(x_{t-1} - \alpha, x_{t-1} + \alpha)(x)$$

$P(x) \sim N(0,1)$，一个简单的高斯分布如下：

```
p =function(x)
{
  dnorm(x, 0, 1)
}

mh =function(x, alpha)
{
  xt <-runif(1, x -alpha, x +alpha)
  if (runif(1) >p(xt)/p(x))
     xt <-x

  return(xt)
}

sampler =function(L, alpha)
{
  x <-numeric(L)
  for (i in 2:L)
    x[i] <-mh(x[i -1], alpha)


  return(x)
}

par(mfrow =c(2, 2))
for (l in c(10, 100, 1000, 10000))
{
  hist(sampler(l, 1), main =paste(l,"iterations"), breaks =50, freq = F,
xlim =c(-4, 4), ylim =c(0, 1))
  lines(x0, p(x0))
}
```

第一个函数是评估 $p(x)$。后面是使用之前定义的建议均匀分布的 Metropolis-Hastings 算法步骤。

然后我们实现采样器，包含两个参数：迭代次数 *L* 和均匀分布的宽度 *alpha*。*alpha* 越大，建议分布覆盖的区域越广。这个值过大，后导致很多跳动和不好的结果。这个值过小，尽管我们从理论上知道算法收敛，但是依然会严重影响算法的数值收敛性。

代码的最后抽取了 10 个、100 个、1 000 个和 10 000 个样本用于迭代。运行代码，我们可以得到下面的图形。读者的结果可能会有不同，因为我们是随机抽取的样本，但是整体图形是相似的。如图 5-22 所示。

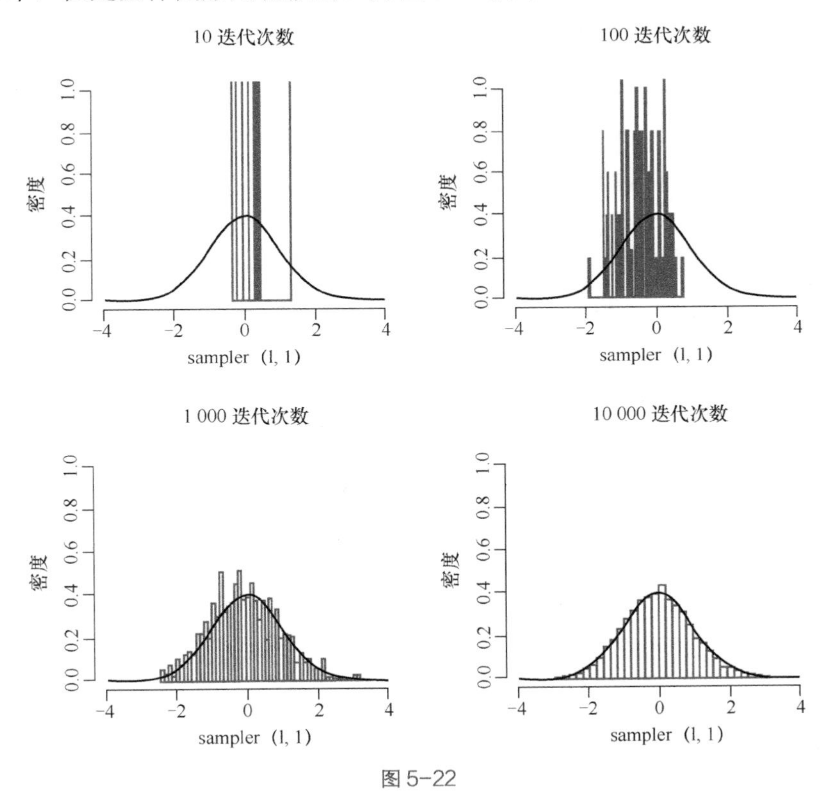

图 5-22

可以明显看到，只进行 10 次迭代，结果很差。经常 100 次迭代热身后，结果似乎靠近了平均值，但是方差相对 $p(x)$ 还是较大。1 000 次迭代后，我们的数据集开始非常接近目标分布。最后经过 10 000 次迭代，我们得到一个很棒的柱状图。

接着，我们改动 `alpha`，进行 1 000 次迭代。我们使用下列代码，如图 5-23 所示。

```
par(mfrow =c(2, 2))
for (a in c(0.1, 0.5, 1, 10))
{
        hist(sampler(1000, a), main =paste("alpha=", a), breaks =50, freq =F,
xlim =c(-4, 4), ylim =c(0, 1))
        lines(x0, p(x0))
}
```

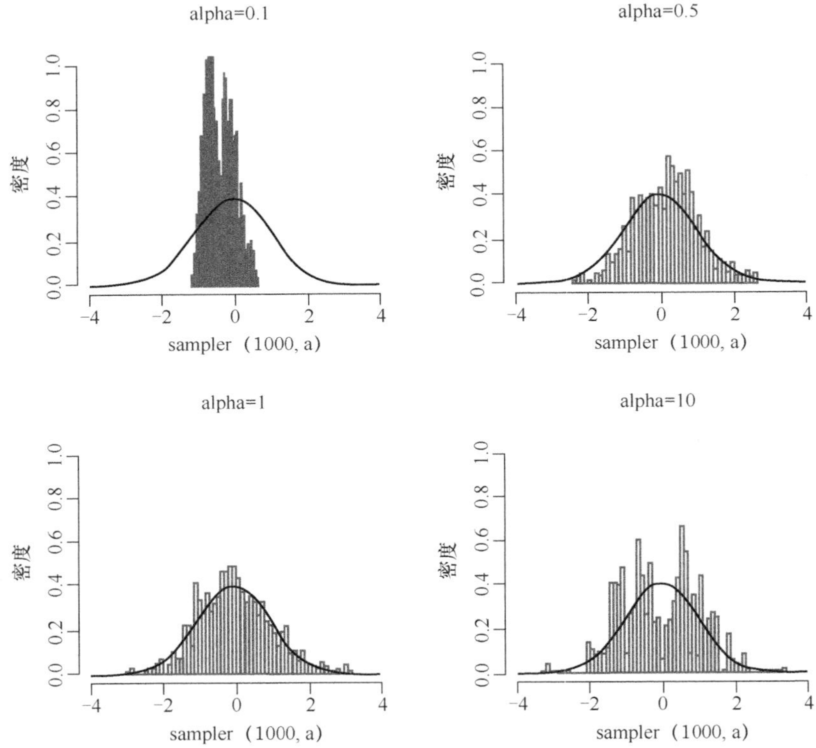

图5-23

我们再次看到非常有趣的结果：算法理论上是收敛的，但是实际中还需要一些先期调试。alpha=0.5 或 alpha=1 对于覆盖分布似乎已经足够。alpha=0.1 太窄，不能快速地在 1 000 次迭代中探索问题空间。相反，alpha=10 给出双峰分布。这说明跳动太大了。

如果我们运行更多的迭代次数，例如 50 000 次，我们会看到算法的稳定趋势，大部分建议分布都会收敛到理想的结果。而 alpha=0.1 和 alpha=10 依然不合适，但是这么多次迭代后，整体结果还是可以接受的，如图 5-24 所示。

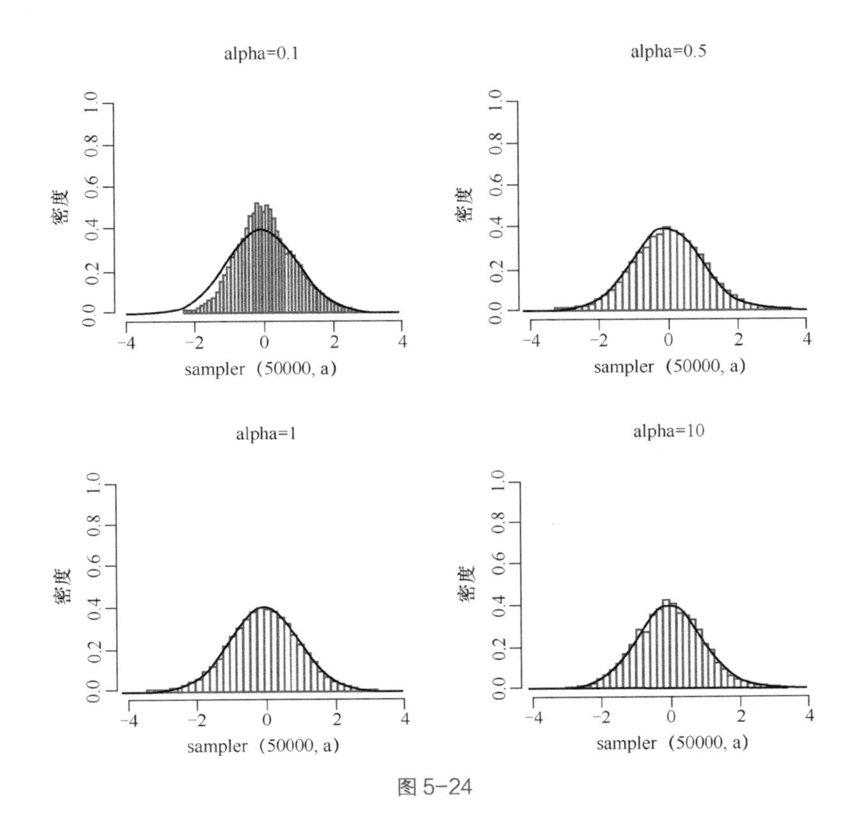

图 5-24

5.6 概率图模型 MCMC 算法 R 语言实现

事实上，这一节的标题甚至可以作为一本书的名字。有些教材只专注于这一课题。这一领域的研究也很活跃，每年都有许多新的算法提出。

有许多程序包可以实现 MCMC 的各种类型的算法。也有很多更原生的框架，例如著名的 BUGS（以及相应的开源实现 OpenBUGS），新的更强大的框架 Stan。BUGS 是历史上第一个在贝叶斯统计中推出 MCMC 推断的框架，也引起了这个领域的变革，使得每个人都可以从贝叶斯统计中获益。

如果介绍所有框架以及具体图模型的所有 MCMC 算法，需要我们再出一本书。所以，我们在这一节只关注 R 语言编程环境。事实上，这些算法也适用于 C++、Python、Matlab、Julia、Stata，甚至命令行！它支持目前看到的各种类型的贝叶斯模型。Stan 主要使用 MCMC 算法执行推断。

5.6.1　安装 Stan 和 RStan

具体的过程可以在网页 https://github.com/standev/rstan/wiki/Rstan-Getting-Started 中找到。

因此我们只回顾一下基本的步骤，完成 Stan 和 RStan 安装：

```
Sys.setenv(MAKEFLAGS ="-j4")
install.packages("rstan", dependencies =TRUE)
```

安装过程可能会很长。Stan 需要大量的程序包。最后，根据 R 语言的安装不同，R 环境可能会重启，但是通常来说并不需要。

加载 RStan，方法和别的程序包类似：

```
library(rstan)
```

你应该会看到如下介绍信息，告诉你 Stan 已经准备好了：

```
Loading required package:ggplot2
rstan (Version 2.9.0, packaged:2016-01-05 16:17:47 UTC, GitRev:
05c3d0058b6a)
For execution on a local, multicore CPU with excess RAM we recommend
calling
rstan_options(auto_write =TRUE)
options(mc.cores = parallel::detectCores())
```

5.6.2　RStan 的简单例子

我们介绍一些 RStan 中的基本概率。我们鼓励读者了解更多的信息，尝试更多的例子。

RStan 是基于一种描述贝叶斯模型的概率编程语言。例如，我们可以生成一个简单的单变量高斯模型：

```
parameters
{
        real y;
}

model
```

```
{
        y ~normal(0,1);
}
```

这是 Stan 代码，不是 R 代码。我们也可以使用 R 语言模拟这个模型：

```
fit =stan(file ='example.stan')
```

这个模型会使用一个 MCMC 算法模拟生成，结果可以打印出来：

```
print(fit)
Inference for Stan model:example.
4 chains, each with iter=2000; warmup=1000; thin=1;
post-warmup draws per chain=1000, total post-warmup draws=4000.

      mean se_mean   sd  2.5%   25%   50%   75% 97.5% n_eff Rhat
y     0.00    0.03 0.98 -1.93 -0.63 -0.01  0.64  1.98  1191    1
lp__ -0.48    0.02 0.69 -2.35 -0.63 -0.20 -0.05  0.00  1718    1

Samples were drawn using NUTS(diag_e)
For each parameter, n_eff is a crude measure of effective sample size,
and Rhat is the potential scale reduction factor on split chains (at
convergence, Rhat=1).
```

有意思的是，这个程序包确实包含一个之前看到的热身过程，它会计算简单高斯分布的有效样本规模的估计。这个值是“1191”（n_eff 列），与我们在之前章节中看到的结果相差不大。

5.7 小结

在这一章中，我们看到了第二个（可能是最成功的）执行贝叶斯推断的方法，该方法使用拒绝采样和重要性采样，它们都使用比目标分布简单的分布作为建议分布。

这两个算法通常在低维问题中非常有效。但是在高维问题中，它们收敛起来花费的时间很长。

我们介绍了贝叶斯推断中最重要的算法：使用 Metropolis-Hastings 算法的马尔可夫蒙特卡洛方法。这个算法通用性很强，而且有很好的性质：算法会收敛到目标分布。但是，要快速收敛，需要我们仔细调节参数。但是理论上算法肯定可以收敛。

在下一章中，我们会研究最标准的统计模型：线性回归。它似乎超出了本书的范围，但是这个模型太重要了，还是需要介绍一下。但是，我们仅仅介绍它的简单形式，转而研究它的贝叶斯解释，即线性回归如何用一个概率图模型表示，我们可以从中得到哪些启示。

第 6 章 贝叶斯建模——线性模型

线性回归模型力求解释一个变量在另一个变量或其他一些变量存在情况下的行为。模型假设变量之间的关系是线性的。通常，目标变量，也就是需要解释的变量的期望是其他变量的仿射变换。

线性模型可能是用途最广的统计模型，主要是因为它简单、明了，而且也经过了几十年的研究，提出了所有可能的扩展和分析模型。所有的统计程序包、语言或者软件都可以实现线性回归模型。

这个模型的思想很简单：变量 y 需要被一些变量 x 解释，或者说是被 x 的线性组合——带权重的 x 总和解释。

这个模型诞生于 18 世纪 Roger Joseph Boscovich 的工作中。然后，Pierre-Simon de Laplace，Adrien-Marie Legendre 和 Carl Friedrich Gauss 都使用了这个方法。19 世纪的数学天才 Francis Galton 可能是第一个使用”线性回归”这个词的人。

这个模型可以简单地写成变量线性组合的形式，如下：

$$y = \beta_0 + \beta_1 x_1 + \beta_2 x_2 + \dots + \beta_n x_n + \in$$

这里，y 是要解释的变量，x 用来解释变量，$\in$ 是可以被 x 解释的随机噪声。这个噪声通常是平均值为 0、方差为 σ^2 高斯分布随机变量。

那么，在实际问题中这个公式的是什么意思？模型背后的直觉告诉我们，每一个被重新刻画的 x 都对 y 产生一点贡献。换句话说，y 是由一些局部值 x 求和得到的。

有很多方法都可以从数据集估计参数的值。在很多情况下，估计每一个参数的值是最重要的工作，需要仔细研究。最常用的方法是最小二乘法，它试图最小化真实 y 值与 x 总和估计值之间的差异。事实上，和其他许多模型一样，把 y 表示成其他变量的和，是对实际值的近似。人们提出了许多数学工具和算法来回答线性回归的模型质量和参数质量。

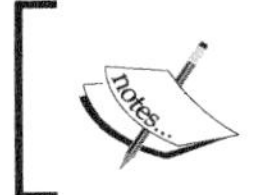

词语“差异”只是一个类比。在这个例子中，正确的说法应该是均方误差。

在本章中，我们会很快地介绍线性回归的基础知识。全方位的线性回归知识已经超出了本书的范围，我们假设读者之前接触过这个模型。

本章目的在于进一步给出线性回归的贝叶斯解释。事实上，在标准模型中，我们只关注 y 和参数的期望。但是，如果我们把每一个模块都当作一个随机变量，线性回归模型就可以用贝叶斯的思想解释，进而可以从中学到许多新的技术，以及处理全概率分布而不仅仅期望带来的好处。

我们会在本章中学到以下内容：

- 什么是线性回归？在 R 语言中如何使用这个模型？
- 线性回归模型的主要假设是什么？当假设不成立时，怎么办？
- 如何手动和使用 R 语言计算参数？
- 如何用概率图模型解释线性回归？
- 如何使用贝叶斯方法估计参数？这样做的好处是什么？
- 贝叶斯线性回顾的 R 程序包介绍。
- 什么是过拟合？为什么避免过拟合很重要？什么是贝叶斯方案？

6.1 线性回归

我们首先看一下统计中最简单、最常用的模型。它会拟合数据集上的一条直线。我们假设有一个（x_i，y_i）的值对集合，其中的值对都是独立同分布的。我们希望找到一个模型满足：

$$y=\beta x+\beta_0+\in$$

这里 $\in$ 是高斯噪音。如果我们假设$x_i \in \mathbb{R}^n$，那么期望值可以写成：

$$\hat{y}=\beta_0+\sum_{i=1}^{n} x_i\,\beta_i$$

或者使用矩阵记法，我们也可以把截距 β_0 放到一个参数向量中，并在 X 中添加值为 1 的列，使得 $X=(1,x_1,\ldots,x_n)$，最终有：

$$\hat{y} = X^T \beta$$

图 6-1 给出了一个数据集的示例，并带有相应的回归直线。

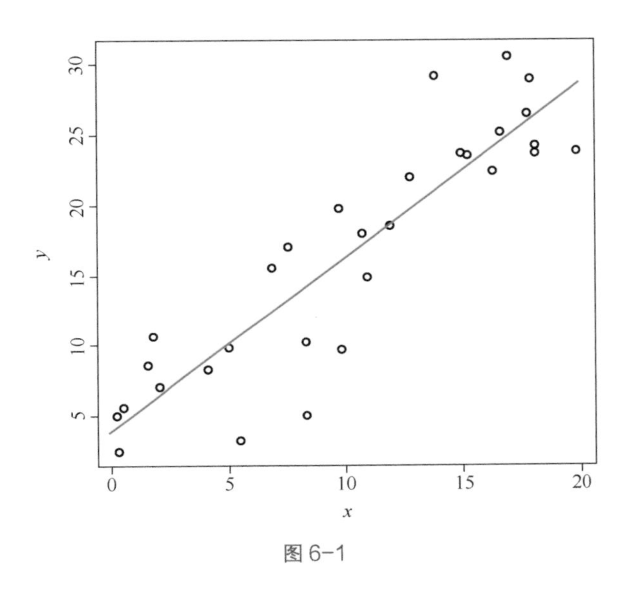

图 6-1

我们会马上看到，在 R 环境中，拟合一个线性回归模型是很简单的。这里，我们使用人工数字生成一个小数据集，以便重新生成之前的图形。R 语言中，拟合线性模型的函数是 `lm()`，它是许多问题的主要工作函数。当然，我们还会在这一章中介绍更加先进的算法：

```
N =30
x =runif(N, 0, 20)
y =1.2 *x +4 +rnorm(N, 0, 4)
plot(x, y)
m =lm(y ~x)
xx =seq(0, 20, 1)
lines(xx, xx *m$coefficients[2]+m$coefficients[1], col =2, lw =2)
```

在这个例子中，我们生成了 0 到 20 之间的 30 个随机数据点。然后，我们在斜率为1.2、截距为4的直线上计算 y，并添加一个随机噪声，其平均值是0，方差是4。

我们使用函数 `lm()` 计算模型 m。最后我们画出结果。

打印出 m 的参数，可以看到以下结果：

```
Call:
lm(formula = y ~x)

Coefficients:
(Intercept)           x
    3.919         1.238
```

我们看到截距是 3.919，很接近 4；斜率是 1.238，也很接近 1.2。因为我们添加了随机噪声（方差为 4），理论模型和实际拟合模型之间存在差异，这并不奇怪。

6.1.1　估计参数

为了估计参数，我们需要偏离度量。或者说，我们需要度量模型和数据集之间的差异。当然，我们的目标是最小化差异。这里词语“差异”的含义很宽泛，许多函数都可以计算这个差异。但是，人们发现最有用、最实际的函数是均方误差，定义如下：

$$MSE = \| Y - X^T \tilde{\beta} \|_2^2 = \frac{1}{N} \sum_{i=1}^{N} (y_i - \sum_{j=1}^{n} x_j \beta_j)^2$$

要估计模型的参数，我们求助于之前的一个方法：最大似然率。在例子中，似然率表示给定一些参数，观测到数据集的概率。我们假设数据集依然是独立同分布的。这允许我们写出如下最大似然率函数：

$$\hat{\theta} = argmax_{\theta} p(D \mid \theta)$$

这里 θ 是所有参数 $\theta=\{\beta_1, ..., \beta_p\}$ 集合。

我们希望找到所有参数最大化这个概率。因为我们假设数据是独立同分布的，我们可以写出：

$$\hat{\theta} = argmax_{\theta} \prod_{i=1}^{N} p(y_i \mid x_i, \theta)$$

然后，要简化计算，我们使用对数似然率，计算求和而不是求积：

$$\hat{\theta} = argmax_{\theta} \sum_{i=1}^{N} \log p(y_i \mid x_i, \theta)$$

接着，我们需要概率的解析形式。在线性回归中，我们可以看到目标数据集是服从高斯分布的，如下：

$$p(y|x\theta)=N(y|X^T\theta,\sigma^2)$$

如果使用对数似然率，我们把概率替换成使用高斯分布的密度函数，我们有：

$$\log L(\theta)=\sum_{i=1}^{N}\log\left[\left(\frac{1}{2\pi\sigma^2}\right)^{\frac{1}{2}}\exp\left(\frac{-(y_i-\beta^T X_i)^2}{2\sigma^2}\right)\right]$$

$$=\sum_{i=1}^{N}\left[\log\left(\frac{1}{2\pi\sigma^2}\right)^{\frac{1}{2}}+\log\exp\left(\frac{-(y_i-\beta^T X_i)^2}{2\sigma^2}\right)\right]$$

$$=\sum_{i=1}^{N}\log\left(\frac{1}{2\pi\sigma^2}\right)^{\frac{1}{2}}-\sum_{i=1}^{N}\frac{(y_i-\beta^T X_i)^2}{2\sigma^2}$$

$$=\frac{N}{2}\log\frac{1}{2\pi\sigma^2}-\frac{1}{2\sigma^2}\sum_{i=1}^{N}(y_i-\beta^T X_i)^2$$

这个冗长的推导生成了最后等式中的两项，一个是常数，另一个是依赖参数。因为我们的目的是最大化这个表达式，所以不失一般性，我们可以忽略常数项。同时由于对于大多数数值计算程序包，最小化表达式要比最大化简单。所以我们取表达式的负值：

$$NLL(\theta)=\frac{1}{2}\sum_{i=1}^{N}(y_i-\beta^T X_i)^2$$

我们再次看到著名的结果：线性回归模型的最大似然估计就是最小化平方误差！

为了找到答案，我们需要做一些线性代数的工作。首先，我们把表达式写成矩阵的形式，以便计算更简单：

$$NLL(\theta)=\frac{1}{2}(y-X\beta)^T(y-X\beta)$$

这里，X 是设计矩阵，即所有数据集的矩阵。矩阵的每一行 i 是一个向量

$(x_1^{(i)},\ldots,x_p^{(i)})$。这种形式非常方便，我们可以在标量乘积内部处理求和。

展开表达式，我们有：

$$NLL(\theta)=\frac{1}{2}\beta^T X^T X\beta+\frac{1}{2}(y^T y-y^T X\beta-\beta^T X^T y)$$

这个表达式可以再次简化。实际上，我们只对依赖参数的项感兴趣。其他的都可以丢掉。而且，我们知道$y\in\mathbb{R}^N$，$\beta^T X^T\in\mathbb{R}^N$，所有我们可以写出$y^T X\beta=\beta^T X^T y$，这样可以帮助我们简化表达，最终得到：

$$NLL(\theta)=\frac{1}{2}\beta^T X^T X\beta-\beta^T X^T y$$

凸函数的最小值在（雅克比矩阵的）一阶微分为 0 的时候出现。因此我们可以推导得出：

$$\frac{\partial NLL(\theta)}{\partial\beta}=(X^T X)\beta-X^T y$$

求解这个等式，最终有：

$$\hat{\beta}=(X^T X)^{-1}X^T y$$

这就是 R 语言和大部分数值计算程序包中函数 `lm()` 计算的内容。然而，我们建议读者不要直接使用函数，特别是数据集很大的时候。事实上，操作大型矩阵可能导致数值的不稳定性，进而难以控制。

做线性回归的主要问题会在参数不稳定的时候产生。一小点变动都有可能对参数产生巨大的影响。这可能是由于参数间的共线性，参数之间互相掩盖，或许多其他原因导致的。

解决这个问题的方法是收缩技术，其目的是约束参数不要增长得太快。这通常可以保证模型有更好的预测能力。一个简单的方法是给参数添加先验高斯分布。这也叫作**岭回归**（Ridge Regression）或 **L2 惩罚**（L2 Penalization）。

实际情况下，我们假设参数的先验分布如下：

$$p(\beta)=\prod_j N(\beta_j|0,\tau^2)$$

这里，τ 控制收缩的幅度，高斯分布是 0 中心的。我们不希望参数离 0 太远。

因此，优化问题变成：

$$argmax_{\beta}\sum_{i=1}^{N}\log N(y_i|\ \beta_0+\beta^T x_i,\sigma^2)+\sum_{j=1}^{D}\log N(\beta_j|0,\tau^2)$$

简单地说，我们直接给出了结论，因为计算和之前的推导类似。负对数似然率是：

$$NLL(\theta)=\frac{1}{N}(y-X^T\beta)^T(y-X^T\beta)+\lambda\|\ \beta\|_2^2$$

唯一的不同是最后一项：$\lambda=\frac{\sigma^2}{\tau^2}$ 控制惩罚的力度。这个项越大，参数的增长受惩罚越多。合适的惩罚力度可以保证一些参数接近于零。在这种情况下，不使用这些参数再次拟合模型不失为一个好的方案。某种意义上讲，这也是变量选取的方法。较大的 τ 会降低 λ。这也符合直觉，如果参数的先验具有较大的方差，那么取值范围也会很大。相反，如果方差很小，较小的取值范围才有较大的概率。

优化问题的解就是：

$$\beta_{ridge}=(\lambda I_D+X^T X)^{-1}X^T y$$

我们再次建议不要在 R 中直接计算这个等式，而是使用一些程序包，它们专门为数值稳定性做了优化。我们推荐两个程序包：

- MASS，包含函数 `lm.ridge()`，类似于 `lm()`。
- glmnet，包含函数 `glmnet()`。

第二个程序包实现了多个算法。你可以使用岭回归，也可以使用 L1 惩罚（Lasso）。在 L1 惩罚中，我们不使用高斯先验，而是用拉普拉斯先验。拉普拉斯分布的中心存在峰值，这有特殊的作用：具有共线性的参数会取值为 0。这样，这些参数就完全从模型中消失了。这也是非常有用的变量选取方法。但是，问题并不总是有解析解，我们需要专门的优化来找到答案。

我们可以在 R 中使用 `lm()` 和 `glmnet()` 拟合模型，其中数据集为 R 环境中已有的 `mtcars`。我们希望使用其他变量回归 `mpg`：

```
m1 <-lm( mpg ~. , mtcars)
m1
Call:
lm(formula = mpg ~., data = mtcars)

Coefficients:
(Intercept)         cyl         disp          hp         drat
wt
   12.30337    -0.11144      0.01334    -0.02148      0.78711
-3.71530
       qsec          vs           am        gear         carb
    0.82104     0.31776      2.52023     0.65541     -0.19942
```

我们可以画出模型，看看理论回归曲线：

```
yhat <-(as.matrix(mtcars[2:10]) %*%m1$coefficients[2:10]+m1$coefficients[1]
```

注意我们使用标量乘法 `%*%`：

```
plot(sort(mtcars$mpg)) lines(sort(yhat), col =2)
```

如图 6-2 所示。

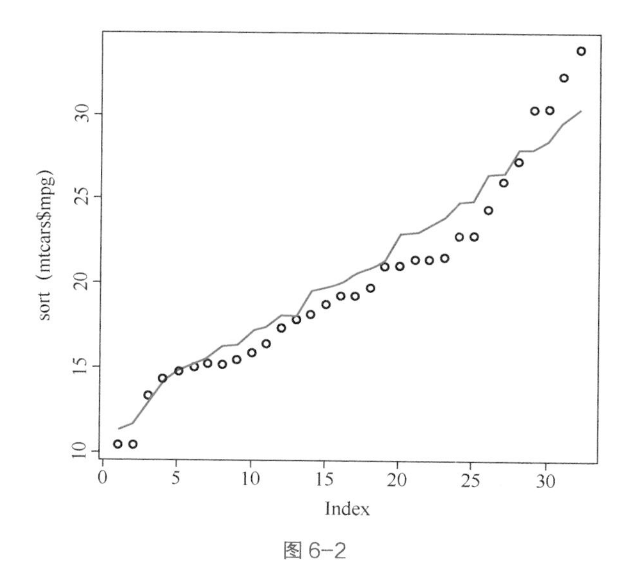

图 6-2

6.2 贝叶斯线性模型

在这一节中，我们会使用贝叶斯范式扩展标准的线性回归模型。其中一个目的是给出模型参数 β 的先验知识，解决过拟合问题。

6.2.1 模型过拟合

构建线性模型时使用贝叶斯的一个明显的好处是可以很好地控制参数。让我们先做一个试验，看看参数完全不可控会怎么样。

我们会使用 R 生成一个简单的模型，看看参数在线性模型标准方法下的拟合情况。

让我们随机生成 10 个数据点，画出它们，如图 6-3 所示。

```
N <-30
x <-runif(N, -2, 2)
X <-cbind(rep(1, N), x, x^2, x^3, x^4, x^5, x^6, x^7, x^8)
matplot(X, t ='l')
```

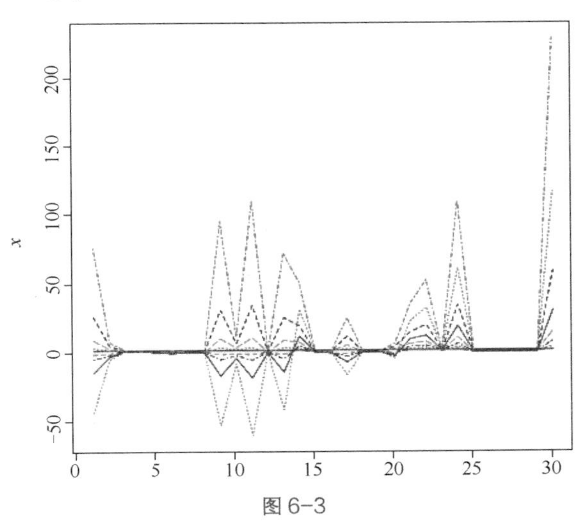

图 6-3

然后生成下列模型的依赖变量：

$$y=X\beta+\epsilon$$

这里，ϵ 是方差为 σ^2 的高斯噪声。我们使用下列 R 代码，画出变量 y，如图 6-4 所示。因为我们是随机生成的数据，读者的图形有可能和书中的不同：

```
sigma <-10
eps <-rnorm(N, mean =0, sd = sigma)
y <-X %*%true_beta +eps
plot(y, t ='l')
```

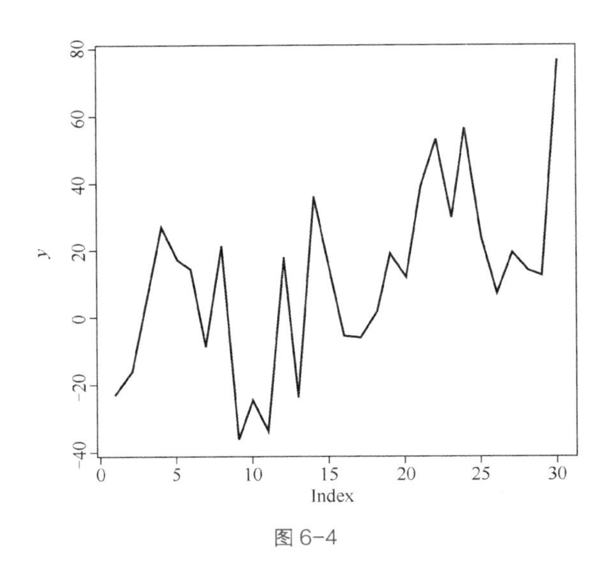

图 6-4

然后，我们使用函数 lm() 估计模型的系数：

```
model <-lm(y ~., data =data.frame(X[, 2:ncol(X)]))
beta_hat <-model$coefficients
```

我们画出真正的系数和估计的系数，如图 6-5 所示。结果并不好！

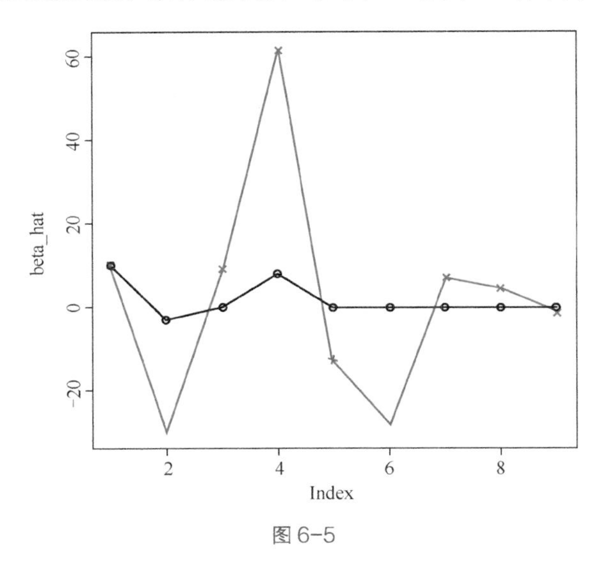

图 6-5

如果我们仔细看一下参数值，我们可以明显发现，当真实模型的系数为 0 时模型试图使用所有的变量。而且，模型试图补偿所有的变量，因为参数向量包含正值和负值。结果可能有些许不同，因为我们使用随机数据，但是行为都是类似的：

```
>true_beta
[1] 10 -3 0 8 0 0 0 0 0
>beta_hat
(Intercept)         x         V2         V3         V4         V5
V6         V7         V8
  10.012121  -30.091272   8.904295   62.005179  -12.913125  -28.102293

   6.844616   4.410177   -1.154756
```

事实上，大部分值都是错误的。这是过拟合的典型例子。模型试图完美拟合数据，然而最终却事与愿违：

```
>true_beta
[1] 10 -3 0 8 0 0 0 0 0
>beta_hat
(Intercept)  x  V2  V3  V4  V5  V6  V7  V8
10.012121 -30.091272 8.904295 62.005179 -12.913125 -28.102293
6.844616 4.410177 -1.154756
```

在这个例子中，我们已经提前知道取值。但是在实际问题中，我们需要在数据集上拟合模型，找出参数的合适取值。正如我们在之前的章节中看到的，一个方法是正则化，它相当于给参数设置先验分布。通过这个手段，我们可以一定程度地约束参数待在一个可以接受的高概率的取值范围中。

6.2.2 线性模型的图模型

继续探讨之前，我们需要可视化模型的结构，更好地理解变量之间的关系。我们可以把它表示成一个概率图模型。

线性模型捕捉了可观测变量 x 与目标变量 y 之间的关系。这个关系通过几个参数集合 θ 建模出来。注意每一个数据点的 y 分布通过 i 索引：

$$y_i \sim N(X_i\beta, \sigma^2)$$

这里，X_i 是行向量，其中第一个元素是 1，用以刻画线性模型的截距。如果回顾一下本章的开始，读者可以发现线性模型可以写成多个等价的形式。我们建议读者练习证明这些形式都是等价的。例如，X_i 可以是列向量等。

我们的第一个图模型如图 6-6 所示。

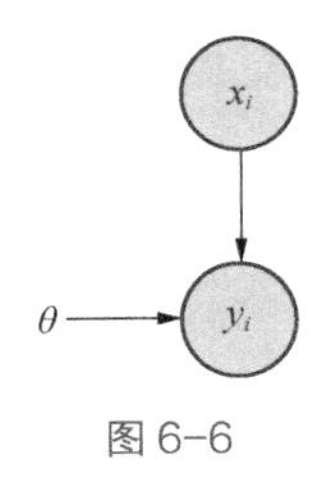

图 6-6

参数 θ 本身由截距，X 每个成分的系数 β，以及 y_i 分布的方差 σ^2 构成。

所以，根据这样的分解，我们得到第二个图模型版本，如图 6-7 所示。它清楚地分解了 θ 的成分：

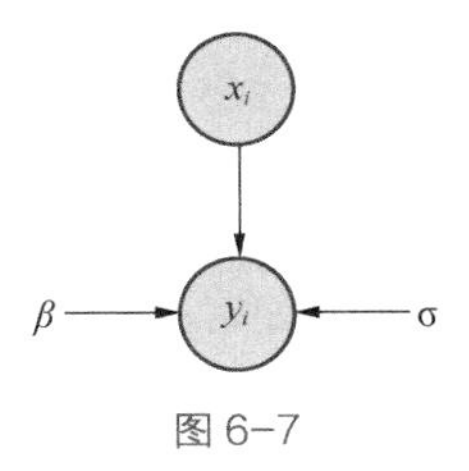

图 6-7

我们再次使用概率图模型中的平板表示法。当矩形包裹一些节点，并在角落中标记数字或变量（例如 N），它的意思是同一个图形重复很多次。

线性模型的似然函数是：

$$L(\theta)=\prod_{i=1}^{N} p\,(y_i|\ X_i\ ,\beta\ ,\sigma\ )$$

这个形式可以用图模型表示，基于之前的图形，我们得到图 6-8 所示的图模型。

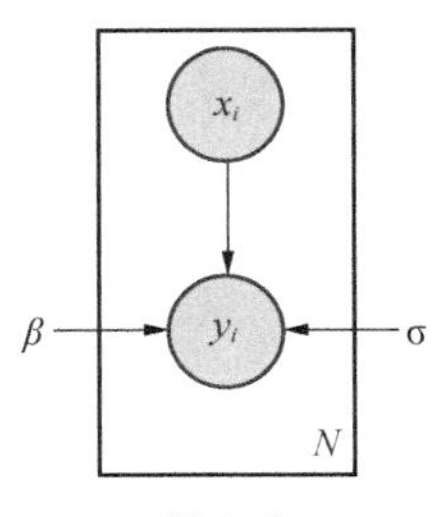

图 6-8

在此图中，我们可以说每一个 y_i 都依赖于一个 x_i。很明显，参数 $\theta=\{\beta，\sigma\}$，由于在矩形外，因此是共享的。

为了简单起见，我们会把 β 保存为向量，但是读者也可以把它分解成单变量成分，使用平板表示法，如图 6-9 所示。

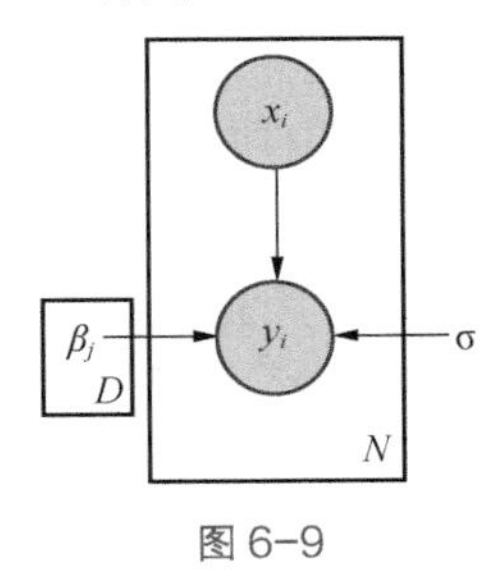

图 6-9

在图模型的最后两步迭代中，我们看到参数 β 有一个先验分布，而不是固定数值。事实上，参数 σ 也可以当作一个随机变量。而我们暂时固定这个值。

6.2.3 后验分布

许多先验分布可以用来刻画 β，但是需要易于操作或者在线性回归模型的问题中有恰当的含义。这里我们需要一个平均值为 0、对称的、支持输入域为无穷的分布。原因如下：

- 平均值为 0，是因为我们希望参数尽可能在 0 附近，这是收缩的作用。因此我们可以给以 0 为中心的值最大的概率。
- 对称，是因为我们希望正值和负值的机会均等。一个先验知识是，我们并不知道参数会在哪个方向取值。
- 无穷输入，是因为我们不希望参数无法取到某些值。很明显，尽管支持无穷输入，但是由于靠近中心的值拥有较高的概率，分布的尾部拥有的概率较小。我们可以尝试像之前的例子一样，限制模型不取过大的值。
- 分布需要足够简单，以便我们可以计算参数的后验分布和 y 的预测。

基于上述考虑，高斯分布似乎是一个合适的方案。

y 的条件概率如下：

$$p(y_i|X_i,\beta,\sigma^2)=N(y_i|X_i,\beta,\sigma^2)$$

回顾一下之前的最大似然估计（**Maximum Likelihood Estimator，MLE**）

$$\hat{\beta}=(X^TX)^{-1}X^Ty$$

方差的估计如下（可以练习证明一下）：

$$\hat{\sigma} = \frac{1}{N}\sum_{i=1}^{N}(y_i - \hat{\beta}^T X_i)^2$$

知道高斯先验的好处是它是似然函数的共轭表示。这意味着参数的后验分布也是一个高斯分布，使得：

$$p(\beta|y, X, \sigma, \tau) \propto p(y|\beta, X, \sigma, \tau)p(\beta|\tau) = N(\beta|m, S)$$

这里：

$$m = \sigma^{-2} S X^T y$$

$$S = (\tau I + \sigma^{-2} X^T X)^{-1}$$

我们再次看到，控制先验分布规模的参数 τ。这和上一节中岭回归中的 τ 是一样的。事实上，可以看到给出参数 β 的高斯先验与岭回归是等价的。读者可以用前两个公式计算岭回归，看看二者的关系。

最后一步是我们需要计算后验预测分布。后验预测分布是未知变量 y 在观察测到一些 X 值后的分布。这其实是一个根据之前学习到的模型，进行预测的工作。

这项工作很重要，是因为我们要完成一个完整的贝叶斯推断流程，而不仅仅是统计计算。在标准的线性模型中，X 和 β 的标量乘积已经足够支持对 y 值的预测。

或者说，找出参数 β 后，我们只需要：

$$y_j = \sum_{i=1}^{N} x_i \cdot \beta_i$$

但是，因为我们已经有了一个完整的贝叶斯模型，我们不仅有 y 的期望，还有完整的概率分布。正如我们马上看到的，后验分布也是一个高斯分布，而高斯分布可以通过平均值和方差定义。所以，使用完全贝叶斯模型，我们也可以计算后验方差，并对预测的未知性进行估计：

$$p(y'|y, \tau, \sigma^2, X) = \int p(y'|\beta, \sigma^2) p(\beta|y, \tau, \sigma^2) d\beta = N(y'|m^T X', \sigma^2(X'))$$

这里：

$$\sigma^2(X') = \sigma^2 + X'^T S X'$$

X' 是新观察到的数据，可以用来预测 y'。

最后，我们可以画出线性模型完全贝叶斯解释的图模型，如图 6-10 所示。

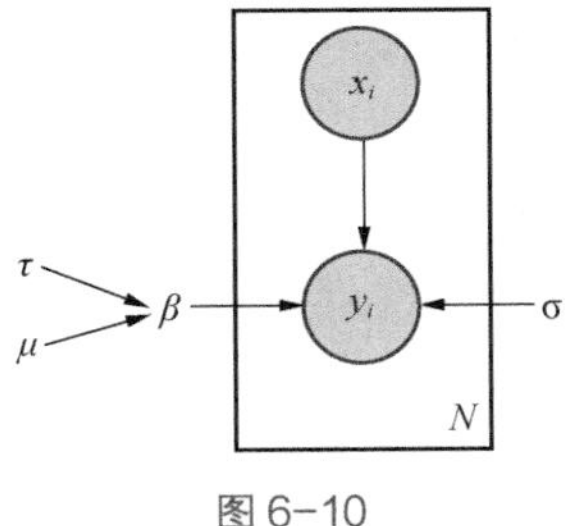

图 6-10

事实上，我们只给出了 β 时高斯分布时的例子，但是例如拉普拉斯分布等其他分布也是类似的。这可以产生 L1 惩罚的效果，其没有解析的形式。但是，一个有效的算法，**Lasso 回归**，可以用来找到参数。我们可以使用程序包 glmnet 来快速实现。

6.2.4 R 语言实现

让我们再回到本章开始时的例子。当我们尝试计算参数的时候，我们发现了严重偏离实际的数值，这说明在估计过程中存在问题。这个问题叫作过拟合。

然后我们通过线性模型的贝叶斯框架找到了解决方案，计算了问题的答案。

当参数是高斯分布时，代码实现起来很简单：

```
dimension <-length(true_beta)
lambda <-diag(0.1, dimension, dimension)
posterior_sigma <-sigma^2 *solve(t(X) %*%X +sigma^2 *lambda)
posterior_beta <-sigma^(-2) *as.vector(posterior_sigma %*%(t(X) %*%y))
```

后验参数变成：

```
 posterior_beta
[1]  7.76069781 -0.06509725 1.18834799 2.72321814 0.16637478
2.65759764
[7] -0.10993147 -0.31961733 0.02273269
```

这个结果比之前的好多了。但是依然不完美。真正的 β 是：

```
true_beta <-c(10, -3, 0, 8, 0, 0, 0, 0, 0)
```

我们看到第二个参数太小，其他的参数又太大。它们的值在 1 和 2 之间，而实际应该为 0。

其实，变量 lambda 表示的惩罚太弱了。这说明方差太大。因为我们可以给予更多的惩罚：

```
lambda <-0.5 *diag(0.1, dimension, dimension)
```

然后计算结果：

```
 posterior_beta
[1]  9.6677088 -0.7393309 1.1248994 3.5526708 -0.1869873 2.8805658
-0.3506464
[8] -0.4582813  0.1190531
```

结果还是不完美，但是截距已经接近 10 (9.66)，第二个参数也比之前好。其他参数还不够好，但是优化方向是对的。

我们可以给予更多的惩罚，并运行之前的代码：

```
lambda <-0.1*diag(0.1, dimension, dimension)
posterior_sigma <-sigma^2 *solve(t(X) %*%X +sigma^2 *lambda)
posterior_beta  <-sigma^(-2) *as.vector(posterior_sigma %*%(t(X) %*%y))
posterior_beta
[1] 12.0750175 -3.8736938 0.6105363 8.0942494 -1.0959572 1.3938047
-0.1099443
[8] -0.3496412  0.1280143
```

尽管不够完美，但是结果已经很靠近真正的答案。我们使用的这个例子其实并不容易求解。尽管如此，贝叶斯框架还是可以收敛到真正的答案，而简单的线性回归却是完全错误的。

执行完模型计算，我们可以画出图形，代码如下：

```
t <-seq(-2, 2, 0.01)
T <-cbind(rep(1, N), t, t^2, t^3, t^4, t^5, t^6, t^7, t^8)

plot(x, y, xlim =c(-2, 2), ylim =range(y, T %*%true_beta))
lines(t, T %*%true_beta, col ="black", lwd =3)
lines(t, T %*%beta_hat, col ="blue", lwd =3)
lines(t, T %*%posterior_beta, col ="red", lwd =3)

legend("topleft", c("True function", "OLS estimate", "Bayesian
estimate"), col =c("black", "blue", "red"), lwd =3)
```

前两行代码生成平均分割的数据点。第一个图形画出数据集（小黑圆圈）。然后我们在上边添加 3 条曲线：

- 黑色曲线：R 程序定义的真正的模型。
- 蓝色曲线：这是 OLS 估计（标准线性回归）。

■ 红色曲线：这是带有之前惩罚策略的贝叶斯估计。

蓝色曲线（标准线性回归）试图经过所有的数据点，却拟合了更多噪音而偏离真正的函数。这是过拟合的典型例子。

相反，红色曲线（贝叶斯估计）在找出真正函数的过程中表现良好，如图 6-11 所示。

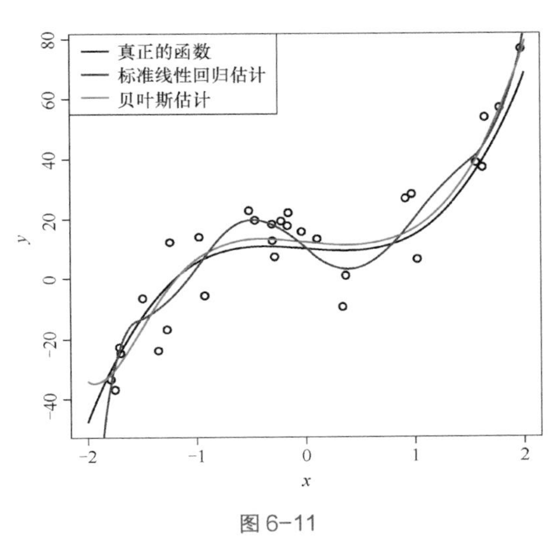

图 6-11

现在我们想给这个图形添加 95% 的后验预测区间。得益于贝叶斯框架，我们可以轻松地算出这个区间。因此 R 代码如下：

```
pred_sigma <-sqrt(sigma^2 +apply((T %*%posterior_sigma) *T, MARGIN =1,
FUN = sum))
upper_bound <-T %*%posterior_beta +qnorm(0.95) *pred_sigma
lower_bound <-T %*%posterior_beta -qnorm(0.95) *pred_sigma
```

上述代码根据数据集计算出上下边界。最终我们用下面的代码画出图形，如图 6-12 所示。

```
plot(c(0, 0), xlim =c(-2, 2), ylim =range(y, lower_bound, upper_
bound), col ="white")
polygon(c(t, rev(t)), c(upper_bound, rev(lower_bound)), col ="grey",
border =NA)
points(x, y)
lines(t, T %*%true_beta, col ="black", lwd =3)
lines(t, T %*%beta_hat, col ="blue", lwd =3)
```

```
lines(t, T %*%posterior_beta, col ="red", lwd =3)
legend("topleft", c("True function", "OLS estimate", "Bayesian
estimate"), col =c("black", "blue", "red"), lwd =3)
```

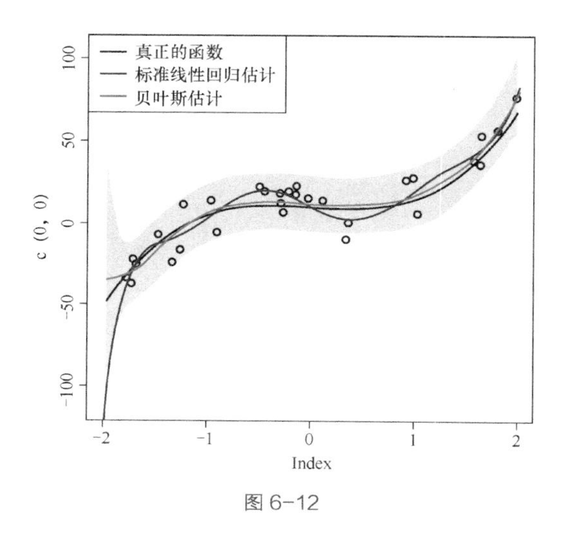

图 6-12

在这份代码中，我们使用 polygon 函数画出表示 95% 预测区间的灰色区域。我们使用 qnorm 函数计算数值，读者可以使用这些值改变区间。

6.2.5　一种稳定的实现

在之前的实现中，我们使用 R 语言中的 solve() 函数。但是对矩阵求逆并非总是可取的方法，因为这可能引起数值不稳定。简单的例子有，一段生成不可逆矩阵的代码，还有计算随机矩阵与自身逆的乘积和单位矩阵的 Froebenius 距离。如果 M 是一个矩阵，M^1 是它的逆，那么 $M \cdot M^1=I$。从数据计算的角度讲，我们会看到，并非一直如此。

```
N <-200
result <-data.frame(i=numeric(N),fr=numeric(N))

for(i in 2:N)
}
    x <-matrix(runif(i*i,1,100),i,i)
    y <-t(x)%*%x

    I <-y%*%solve(y)
    I0 <-diag(i)
```

```
    fr <-sqrt(sum(diag((I-I0)%*%t(I-I0))))
    result$i[i] <-i
    result$fr[i]<-fr
}
```

这个代码生成了一些方阵，维度从 2×2 到 200×200，并计算由随机矩阵与自身逆的乘积得到的单位矩阵与完美单位矩阵的 Froebenius 距离。画出的图形表明，距离并不总是 0，如图 6-13 所示。

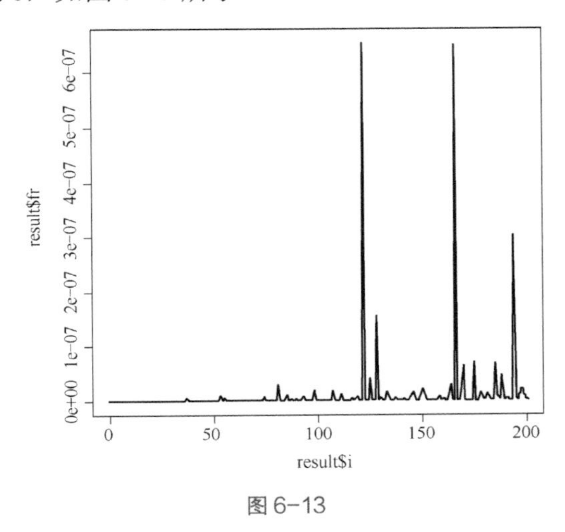

图 6-13

事实上，不稳定性随着矩阵规模的增大而增大。错误也会累积。如果我们画出距离的对数值，我们可以明显地看到误差逐渐变大，如图 6-14 所示。

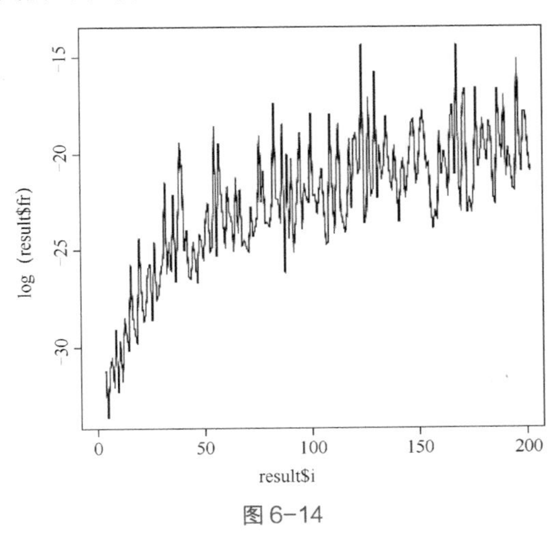

图 6-14

如果二者都是完美的单位矩阵，距离应该是零，距离对数应该是无穷大。所以这个简单例子告诉我们，在贝叶斯线性回归中，对矩阵 X 求逆可能会有问题。我们需要更好的算法。

这里我们给出一个简单的算法，解决岭回归问题中的数值稳定性问题。其主要思想是把矩阵求逆转换为更简单的问题，其中要求逆的矩阵是三角阵。

如果 X 是包含数据点的矩阵，y 是包含目标变量的向量，我们首先对矩阵和向量做如下扩展：

$$\hat{X} = \begin{pmatrix} X \\ \sqrt{\Lambda} \end{pmatrix} \text{和} \hat{y} = \begin{pmatrix} y/\sigma \\ 0_D \end{pmatrix} \text{其中} \sqrt{\Lambda} = \frac{1}{\tau} I,\ \Lambda = \frac{1}{\tau^2} I$$

然后，对 X 做 QR 分解，最后计算 R 的逆。这个过程要简单些，因为它是上三角矩阵。最终，线性回归的系数如下：

$$\hat{\beta} = R^{-1} Q^T \hat{y}$$

R 语言算法的实现如下：

```
# the numerically stable function
ridge <-function(X, y, lambda)
{
    tau <-sqrt(lambda)
    Xhat <-rbind(X, (1/tau) *diag(ncol(X)))
    yhat <-c(y, rep(0, ncol(X)))

    aqr <-qr(Xhat)
    q <-qr.Q(aqr)
    r <-qr.R(aqr)

    beta <-solve(r) %*%t(q) %*%yhat

    return(beta)
}
```

这个算法返回系数向量，其中第一个值是截距。我们假设矩阵 X 的左边第一列都是 1。我们使用 qr() 函数做 QR 分解。

下列代码运行了一个例子：

```
set.seed(300)
N <-100
```

```
# generate some data
x <-runif(N, -2, 2)
beta <-c(10, -3, 2, -3, 0, 2, 0, 0, 0)
X <-cbind(rep(1, length(x)), x, x^2, x^3, x^4, x^5, x^6, x^7, x^8)
y <-X %*%beta +rnorm(N, 0, 4)
```

首先，我们生成随机数据。读者可能会注意到我们在开始的时候设置了随机种子，以便后续结果可以准确重现。这样做的原因就在于我们希望展示岭回归的行为。

代码生成了 x 轴上的随机数字，然后我们给出真正的 `beta` 系数，最后生成随机数据。

我们也可以给目标数据 y 添加高斯噪声，来测试岭回归相对于标准线性回归 OLS 的能力。

矩阵 X 有许多列，但是只有其中的 4 列（以及截距）用来生成 y，所以我们希望线性回归可以给那些未用到的列很小的系数（甚至零系数）。

然后我们运行下列代码，生成结果并画出图形：

```
# plot the results
t <-seq(-2, 2, 0.01)
Xt <-cbind(rep(1, length(t)), t, t^2, t^3, t^4, t^5, t^6, t^7, t^8)

yt <-Xt %*%beta
yridge <-Xt %*%ridge(X, y, 0.9)

plot(x, y)
lines(t, yt, t ="l", lwd =2, lty =2)
lines(t, yridge, col =2, lwd =2)

olsbeta <-lm(y ~X -1)
olsy <-Xt %*%olsbeta$coefficients
lines(t, olsy, col =3, lwd =2)
```

首先我们生成 x 轴上的随机数序列，然后计算矩阵 X 和真正的函数 `yt`。这是没有噪声的理论模型。

接着是使用之前定义的新函数 `ridge` 计算岭回归系数。最后，我们算出标准的 OLS 线性回归方案。我们画出这个结果，如图 6-15 所示。

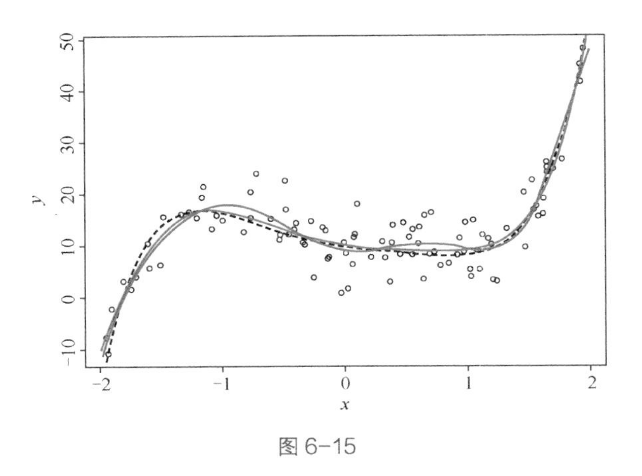

图 6-15

这个图中的真实数据集用小圆圈表示。黑色虚线是真正的函数，也是之前所谓的理论模型。这是没有噪声的模型。红色曲线非常接近真实函数，这是岭回归。由于岭回归的收缩作用，曲线对噪声不敏感，因而给出更好的结果。

但是，绿色曲线是标准的 OLS 函数。由于它对噪声很敏感，因此曲线摆动的幅度较大。这是过拟合图形展示。在这个例子中，OLS 试图经过每一个点，而不能靠近真实的数据。最终得到一个没有岭回归稳定的答案。

为了再解释一下最后一点，我们扩大噪声的影响，再次运行模型。我们把标准差从 4 改为 16，增大噪声的影响，如图 6-16 所示。

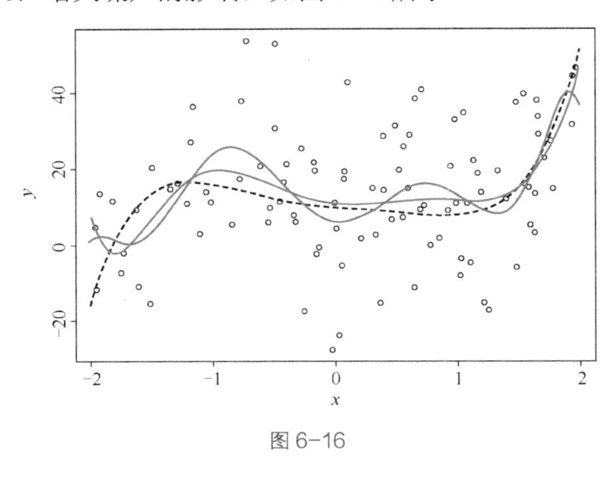

图 6-16

很明显，这是一个极端的例子，我们再次看到岭回归还是离真正的函数很近。而 OLS 函数变得非常不稳定，过拟合很严重。

6.2.6 更多 R 语言程序包

贝叶斯线性回归是 R 语言中深入讨论的话题。许多程序包都可以实现这个模型。当然，我们之前提到了 `glmnet`，它实现了岭回归和 Lasso 回归，也可以同时实现两者的混合模型，叫作弹性网络（Elastic Net）。弹性网络可以同时使用二者的惩罚。

另一个程序包是 `bayesm`，它包括线性回归和多变元回归，多项式 logit 和 probit，高斯混合模型，以及狄利克雷过程先验密度估计。

我们也推荐 `arm` 程序包，它提供了 `glm()` 和 `polr()` 的贝叶斯版本，实现了层次模型。它也是一个强大的程序包。

当然，我们不应该止步于此，应该继续研究贝叶斯模型对各种算法和检验分布的解释。从某种意义上讲，找出一个解析答案已经变得不太可能，我们应该使用蒙特卡洛推断，就像之前的章节解释的那样。

6.3 小结

在本章中，我们看到了标准的线性模型。这个模型是统计学中最重要的模型之一。它给出了简单的、叠加的方法来表示观测变量和目标变量之间的关系。

线性模型的参数估计有时会很困难，我们不应该立马相信算出的结果。但是，贝叶斯方法可以帮助我们把先验知识考虑进模型中，并生成一个更加稳定和可用的模型。

我们看到了岭回归和贝叶斯回归。当参数具有高斯先验分布时，这两个方法是等价的，而且都很容易计算。

通过简单的例子，我们看到标准的线性回归可能导致严重的过拟合，而贝叶斯方法可以解决这个问题。

在下一章中，我们会研究更加先进的模型，即混合模型，来处理数据簇。这些模型假定数据是由不同的组生成的。其目的是自动发现每个组，并揭示背后的过程。

第 7 章 概率混合模型

我们已经看到了一些混合模型的例子，例如高斯混合模型，它通过有限个数的高斯模型来表示数据集。在这一章中，我们会关注更复杂的混合模型的例子。我们会从高斯混合模型开始，逐渐到隐狄利克雷分布。学习很多模型的原因是要刻画的数据的诸多方面用高斯混合模型表示并不方便。

在很多情况下，我们会用期望最大化算法找出模型的参数。而且，大部分混合模型似乎都无法轻松找到答案，我们需要近似推断。

我们将要看到的第一种模型是简单分布的混合。简单分布可以是高斯分布、伯努利分布、泊松分布等。基本原理是相同的，但是应用场景可能不同。高斯分布适合用于刻画大量数据点，伯努利分布适合分析黑白图像，例如手写字体识别。

我们会放松混合模型的一个假设，看到第二个模型，即专家混合。它会选择一个依赖数据点的聚类。它可以当作概率决策树的第一个方法。

最后我们会看到非常强大的模型，即**隐狄利克雷分布**（Latent Dirichlet Allocation，LDA）。在这个模型中，我们放松了混合模型的另外一个假设。在混合模型中，一个数据点应该由一个簇生成。在 LDA 中，它可以同时属于多个簇。这个模型成功地用在了文本分析等工作中。它属于混合成员模型族中的一个。

我们会在本章中介绍下列内容：

- 混合模型的一般介绍，以及几个分布的示例；
- 专家混合，其中我们假设数据簇依赖数据点；
- LDA，其中我们假设一个数据点属于多个数据簇。

7.1 混合模型

混合模型是隐变量模型这一大类中的一个模型，其中的一些变量是无法观测到的。混合模型经常通过把所有变量分到几个具有不同含义的组中，来简化模型。另外，混合模型也会引入模型隐含的过程，即数据生成的真正原因。或者说，假设我们有一个模型集合，一些隐含的信息会选择其中一个模型，然后从已选的模型中生成数据点。

当数据天然地存在簇时，每一个簇都可以看作一个小模型。

整个问题就变成了，找出子模型参与数据生成过程的程度，以及每个子模型的参数是什么。这个问题通常用期望最大化解决。

有许多方法可以合并小模型，以便生成更大的或更原生的模型。用在混合模型中的这个方法通常要给出每个子模型的比例，满足比例和为 1。换句话说，我们要构建一个如下的增量模型：

$$p(x_i|\theta)=\sum_{k=1}^{K}\pi_k p_k(x_i|\theta)$$

其中，π_k 是每个子模型的比例。每个子模型都通过概率分布 p_k 刻画。

当然，π_k 的和是 1。而且，比例可以看成一个随机变量，而且可以通过贝叶斯的形式扩展。因此这个模型叫作混合模型，概率分布 p_k 叫作基础分布。

理论上讲，基础分布的形式不存在任何约束，而且根据函数的不同，有几种类型的模型。在《机器学习：一种概率视点》（*Machine Learning: A Probabilistic Perspective*）中，下列分类可以帮助我们理解许多常见的模型，如表 7-1 所示。

表 7-1

名称	基础分部	隐变量分布	备注
高斯混合模型	高斯分布	离散分布	从 K 中选取高斯模型
概率 PCA	高斯分布	高斯分布	
概率 ICA	高斯分布	拉普拉斯分布	用于稀疏编码
隐狄利克雷分布	离散分布	狄利克雷分布	用于文本分析

这只是几个例子，说明许多模型都基于相同的思想。但是这并不意味着它们都很容易求解。在许多情况下，我们还需要高级的算法。

例如，高斯混合模型有如下定义：我们把每一个子模型当作一个高斯分布（基础分布），隐变量分布是离散的。对于每一个分布我们都有平均值和方差。

从这样的模型中采样可能会生成下列数据集，如图 7-1 所示。

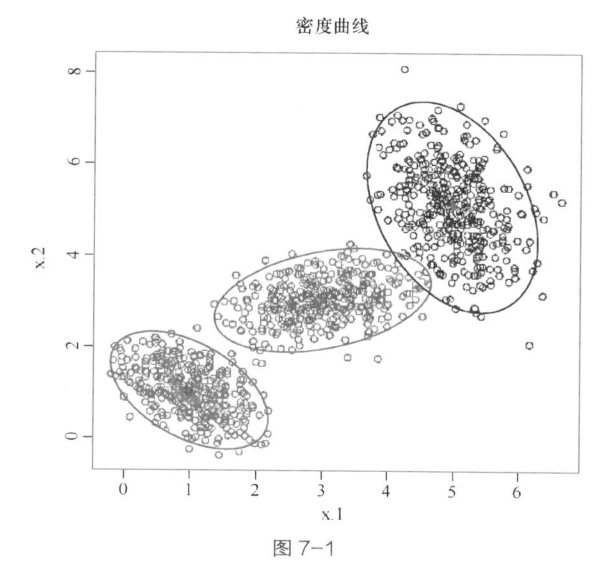

图 7-1

基础密度函数是：

$$p(x_i|\theta, z_i = k) = N(x_i|\mu_k, \sigma_k^2)$$

隐变量分布是类别型分布$\prod = (\pi_1, \ldots, \pi_K)$。因此模型就是：

$$p(x_i|\theta) = \sum_{k=1}^{K} \pi_K N(x_i|\mu_k, \sigma_k^2)$$

在高维高斯分布中，方差σ_k^2会替换成协方差矩阵$\sum_k$。

7.2 混合模型的期望最大化

拟合混合模型的标准算法是期望最大化算法或期望最大化。这个算法已经在第 3 章参数学习中重点介绍过。所以，我们只回顾一下算法的基本思想，然后展示伯努利混合模型。

R 语言中有一个不错的程序包叫作 mixtools 可以用来学习混合模型。这个程序包的完整介绍在 *Journal of Statistical Software*（Oct 2009, Vol 32, Issue 6）的 *mixtools: An R Package for Analyzing Finite Mixture Models* 中。

期望最大化算法是学习混合模型的优秀方案。事实上，在第 3 章参数学习中，我们看到在数据缺失或变量隐藏（即所有相关数据缺失）的情况下，期望最大化算法会执行两步流程。首先，算法计算缺失变量的期望值，以便保证所有数据似乎都完全可观测。算法会最大化目标函数，通常是似然函数。然后，给定新的参数集合，流程会再次迭代，直到满足特定的收敛条件，如图 7-2 所示。

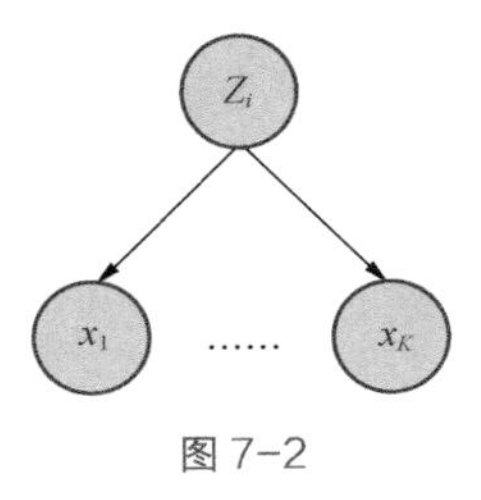

图 7-2

在上图表示的混合模型中，可以清楚地看到变量 Z 是隐变量，而 x_i 是可观测的。我们通常在图模型中采用平板表示法，给出数据生成过程的综合展示，如图 7-3 所示。

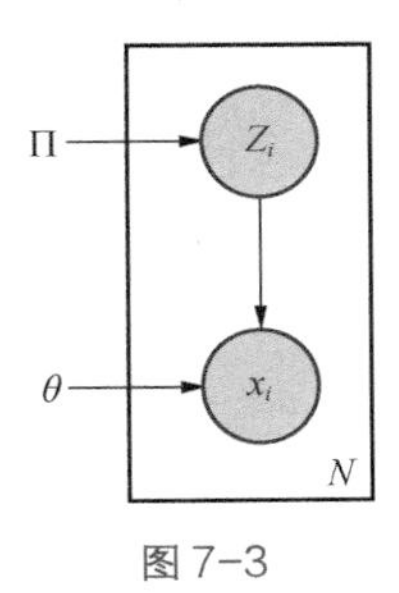

图 7-3

在许多概率模型中，拟合参数可以通过找出参数集合的方式求解。这些参数可以最大化生成数据的概率。或者说，我们关注于最大化模型的对数似然率：

$$L(\theta)=\prod_{i=1}^{N} p(x_i \mid \theta)=\sum_{i=1}^{N} \log(\sum_{z_i}^{K} P(x_i,z_i \mid \theta))$$

这个等式有一个问题，就是 log 内的求和很难计算，而且在很多情况下无从下手。读者可能记得这个似然率是使用可观测数据的形式写出的。因此，如果我们使用之前的图模型，我们可以引入隐变量，写出完整的对数似然率，如下：

$$L_c(\theta)=\sum_{i=1}^{N} \log p(x_i,z_i \mid \theta)$$

期望最大化会求解计算似然率，其中 z 是完全隐藏的。步骤如下：

首先，我们定义**完整数据对数似然率期望值**（Expected Complete Data Log Likelihood）：

$$Q(\theta_t,\theta_{t-1}) = E(L_c(\theta) | \theta_{t-1})$$

这个期望是根据上一步中的参数计算得出的完整数据对数似然率期望值。当然，在算法开始的时候，参数可以初始化成任意数值。我们在第 3 章参数学习中看到，这个值可以是任意值，但是随机选取数值可能导致非常长的收敛时间。不过，已经证明，不论初始值如何，期望最大化算法都可以收敛。

期望最大化算法中的 E-步骤会计算期望值，即给定数据和之前参数的期望参数值。M- 步骤会根据新给定的参数集 θ 最大化期望，求解问题：

$$\theta_t = argmax_{\theta} Q(\theta_t,\theta_{t-1})$$

在程序包 mixtools 中，我们可以使用函数 normalmixEM 拟合高斯混合模型。过程如下。

首先，我们生成两个单变元高斯数据集：

```
x1 <-rnorm(1000, -3, 2)
x2 <-rnorm(850, 3, 1)
```

然后，我们使用函数 hist 画出结果，看看它们是如何经验分布的：

```
hist(c(x1, x2), breaks =100, col ='red')
```

我们可以得到图 7-4 所示的图形，其中可以轻松看到两个数据簇，以及二者近似分布。由于使用随机生成函数，读者的结果可能和本书看到的有些许不同。

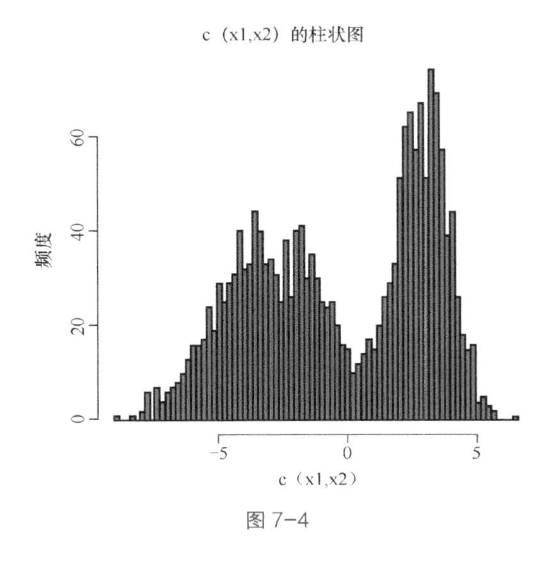

图 7-4

```
model <-normalmixEM(c(x1, x2), lambda =0.5, k =2)
```

这个模型应该迭代 30 到 40 次。我们给每一类的比例设为 50%，一共有 2 个类。

在我们的结果中，得到了下列参数：

- 混合比例是 54.9% 和 45.1%，这与我们初始给出的 x1 和 x2 数据集比例相吻合；
- μ 参数是 −2.85 和 3.01，也与我们给出的初始值很接近。

我们可以画出柱状图，并叠加上高斯分布曲线，如图 7-5 所示。

```
hist(c(x1, x2), breaks =100, col ="red", freq = F, ylim =c(0, 0.4))
lines(x, dnorm(x, model$mu[1], model$sigma[1]), col ="blue")
lines(x, dnorm(x, model$mu[2], model$sigma[2]), col ="green")
```

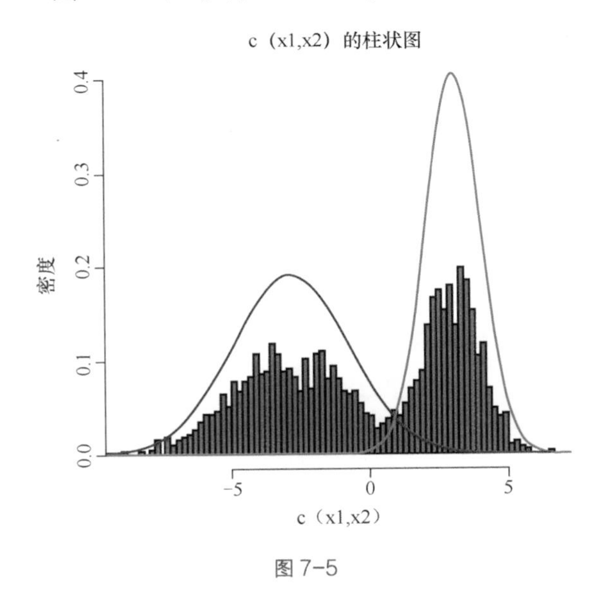

图 7-5

结果明显偏离期望的比例。如果我们添加比例，重新做图，会得到期望的分布，如图 7-6 所示。

```
hist(c(x1, x2), breaks =100, col ="red", freq = F)
lines(x,
  model$lambda[1] *dnorm(x, model$mu[1], model$sigma[1]) +model$lambda[2]*
dnorm(x, model$mu[2], model$sigma[2]),
 lwd =3)
```

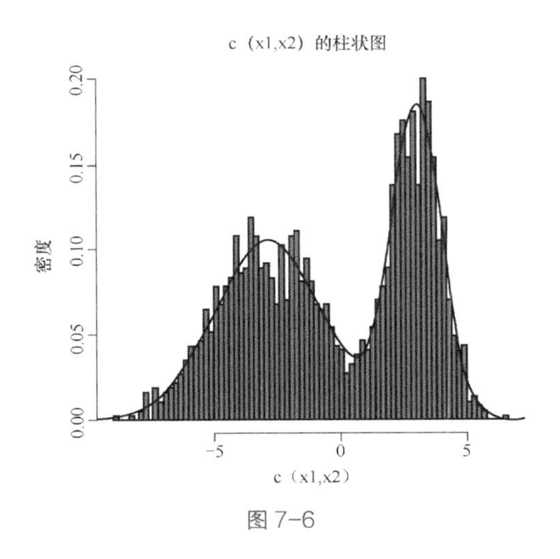

图 7-6

簇的数量非常重要，选取不合适的话会剧烈改变结果。例如，如果我们使用下面的值，就会得到不同的结果：

```
model <-normalmixEM(c(x1,x2), lambda=0.5, k=3)
number of iterations=774
model <-normalmixEM(c(x1,x2), lambda=0.5, k=4)
WARNING!NOT CONVERGENT!
number of iterations=1000
```

当存在 3 个簇时，期望最大化算法依然会收敛。当有 4 个簇时，就需要增加迭代的次数。事实上，即使有 3 个簇，结果也不错，绘出密度函数，我们有图 7-7 所示的柱状图。

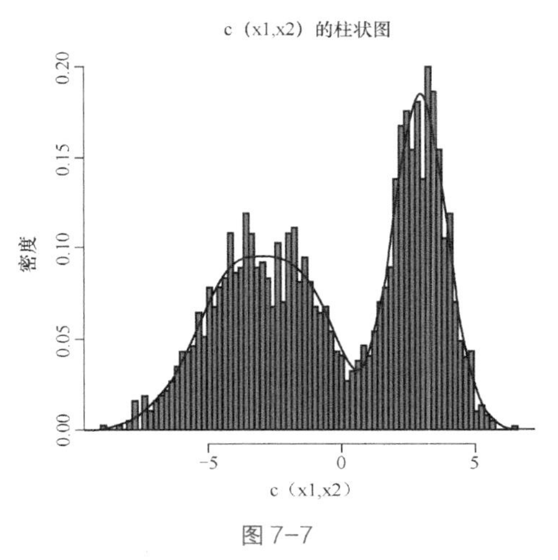

图 7-7

在此图中，我看到第二个簇和第一个簇靠得很近。如果我们仔细看一下中间的黑色粗线，会看到左边的分布不完全是高斯的。检查一下模型参数，我们看到高斯分布的平均值是 −3.74、−1.08 和 2.9。中间的分布确实和第一个很靠近，相应的比例是：38%、15.4% 和 46.5%。因此，期望最大化算法好像是把最大的簇（1 000 个点中的 850 个点）分成了两个高斯分布，进而得到 3 个簇。

收敛速度太慢有时可能说明我们的超参数不完全合适，应该研究更多的值。

7.3　伯努利混合

伯努利混合是另一个有趣的问题。正如我们之前看到的，这类模型的图模型表示都是一样的。只有相应的概率分布函数会有不同。伯努利混合在分析黑白图像的应用中很有用。图像是由像素的一个伯努利变量构成的。该模型的目的是为了给图像分类，即给定一些观察到的像素，确定隐变量的哪些值生成了图像。

例如，图 7-8 表示字母 A。

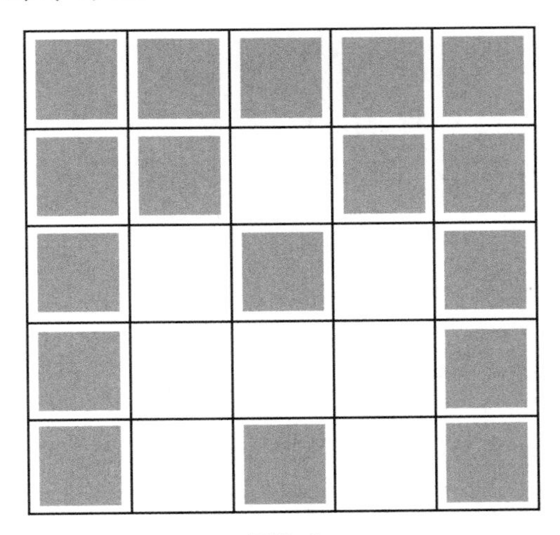

图 7-8

在实际应用中，我们会使用更多的像素。但是主要思想是把每个像素的值关联到隐变量的每一个值上，每个隐变量都代表一个字母。这是文字识别的简单模型。

伯努利变量的分布是：

$$p(x|\theta)=\theta^x(1-\theta)^{1-x}$$

现在，假设我们有 D 个伯努利变量，每一个伯努利变量都被一个参数 θ_i 参数化。因此这模型的似然率可以写作：

$$p(X|\theta)=\prod_{i=1}^{D}\theta_i^{x_i}(1-\theta_i)^{(1-x_i)}$$

这里，

$$X=(x_1,\ldots,x_D),\ \theta=(\theta_1,\ldots,\theta_D)$$

如果我们引入所有变量的混合，那么联合分布可以写作：

$$p(X|\theta,\pi)=\sum_{k=1}^{K}\pi_K p(x|\theta_k)$$

这里，$\pi=(\pi_1,\ldots,\pi_D)$ 是混合参数，分布 p 是：

$$p(x|\theta_k)=\prod_{i=1}^{D}\theta_{k,i}^{x_i}(1-\theta_{k,i})^{1-x_i}$$

这其实就是之前的同一个分布，只是取一种情况 k。

为了拟合模型，我们需要找出对数似然率。它的表达式也不适合直接优化。原因是通常情况下，我们引入隐变量是为了考虑观察不到的变量，因此需要使用期望最大化算法。

对数似然率来自主要的联合分布：

$$\log p(x|\theta,\pi)=\sum_{i=1}^{N}\log(\sum_{k=1}^{K}\pi_k p(x_i|\theta_k))$$

这是非常标准的计算对数似然率的形式。和通常的混合模型类似，log 对数内部的求和运算无法提出。所以我们得到一个非常复杂的表达式等待最小化。

现在我们引入隐变量 z，它是带有 K 个参数的类别型分布，满足：

$$p(z|\pi)=\prod_{k=1}^{K}\pi_k^{z_k}$$

带 x 的联合分布如下：

$$p(x|z\theta)=\prod_{k=1}^{K}p(x|\theta_k)^{z_k}$$

和高斯混合一样，我们会写出完整的对数似然率。这个似然率是在数据集合完备的情况下，我们要优化的表达式，即不含隐变量：

$$\log p(X,Z|\theta\pi)=\sum_{n=1}^{N}\sum_{k=1}^{K}z_{n,k}(\log\pi_k+\sum_{i=1}^{D}[x_{n,i}\log\theta_{k,i}+(1-x_{n,i})\log(1-\theta_{k,i})])$$

在这个（非常长的）表达式中，我们把 X 和 Z 当作矩阵，因此可以使用设计矩阵的表示法，其中 X（或 Z）的每一个行向量是每一个变量 x_i（或 z_i）的一个观测值集合。

使用贝叶斯公式，我们可以根据隐变量的分布，计算完备数据集合对数似然率的期望。这一步是期望最大化算法中 E- 步骤必须的，我们需要补全数据集：

$$E_z(\log p(X,Z|\theta\pi))=\sum_{n=1}^{N}\sum_{k=1}^{K}E(z_{n,k})(\log\pi_k+\sum_{i=1}^{D}[x_{n,i}\log\theta_{k,i}+(1-x_{n,i})\log(1-\theta_{k,i})])$$

隐变量的期望值是：

$$E(z_{n,k})=\frac{\pi_k p(x_i|\theta_k)}{\sum_{j=1}^{K}\pi_j p(x_n|\theta_j)}$$

某种意义上讲，这并不意外。因为最后我们需要计算数据集中每个子集 z_i 的比率，它会在计算完后验概率后出现。

最后，在 M- 步骤中，我们可以根据参数 θ_k 和 π 推导出完备数据集合对数似然率，并设为 0。我们可以得到下列估计：

$$\theta_k=\frac{1}{N_k}\sum_{n=1}^{N}E(z_{n,k})x_n$$

$$\pi_k=\frac{N_k}{N}$$

这里，$N_k=\sum_{n=1}^{N}E(z_{n,k})$。

期望最大化算法会在计算 z 期望和参数 θ、π 新值之间调整，直到收敛。

关于推导的细节可以在 *Pattern Recognition and Machine Learning*（Christopher M. Bishop, Springer, 2007）中找到。

这个模型还可以扩展，相同的思想也可以用到其他类型的分布上。例如，泊松混合和 Gamma 混合。另外，伯努利混合可以用同样的推导扩展到多项式情形。

在所有的这些模型中，我们认为模型刻画了所有数据点的空间。换句话说，我们使用同一个模型支持所有分布作为输入。

一个扩展是认为每一个子空间都有自己的模型，因此隐变量对于子模型的选择依赖数据点。在 *Adaptive mixtures of local experts*（Jacobs, R.A., Jordan, M.I, Nowlan, S.J., 和 Hinton, G.E. (1991), Neural Computation, 3, 79 ～ 87）中，就提出了这样的模型。我们会简单介绍一下这个有趣的模型。

7.4 专家混合

专家混合的思想使用原始数据的每个子空间线性回归模型的集合，并使用持续输出模型权重的权重函数进行合并。

考虑下面的示例数据集，具体生成示例的代码如下：

```
x1 =runif(40, 0, 10)
x2 =runif(40, 10, 20)

e1 =rnorm(20, 0, 2)
e2 =rnorm(20, 0, 3)

y1 =1 +2.5 *x1 +e1
y2 =35 +-1.5 *x2 +e2

xx =c(x1, x2)
yy =c(y1, y2)
```

画出结果，进行简单的线性回归，如图 7-9 所示。

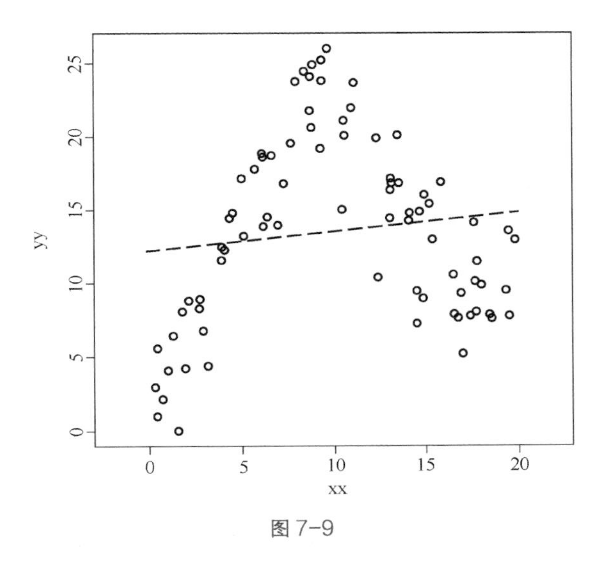

图 7-9

线性回归明显不能刻画数据集的行为。它几乎完全不能捕捉数据趋势，只是数据集合大致平均。

专家混合的思想是在大模型中找出几个子模型。例如，找出多条回归曲线，如图 7-10 所示。

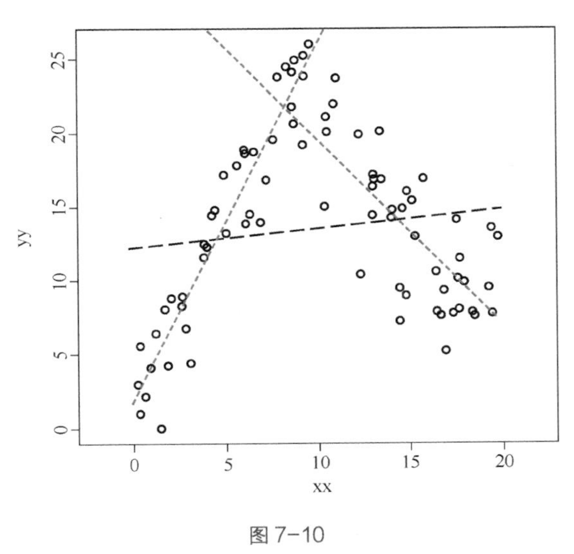

图 7-10

在这个图中，红线和绿线似乎可以更好地表示数据集。但是，模型需要判断何时选择哪一条线。而且，混合模型可能是其中一个答案。在这个例子中，我们希望混合模型依赖数据点，因此图模型可能会有点不同：

$$p(y_i \mid x_i, z_i, \theta) = N(y_i \mid w_k^T x_i, \sigma_k^2)$$

这是线性模型。然后我们使用下面的公式引入隐变量依赖：

$$p(z_i \mid x_i \theta) = Mult(z_i \mid S(V^T x_i))$$

这里，$S(.)$ 可以是 sigmoid 函数。函数 $p(z_i \mid x_i \theta)$ 通常叫作**门函数**（Gating Function）。

这个模型的图模型会很不一样。因为它引入隐变量和观测值之间的依赖，如图 7-11 所示。

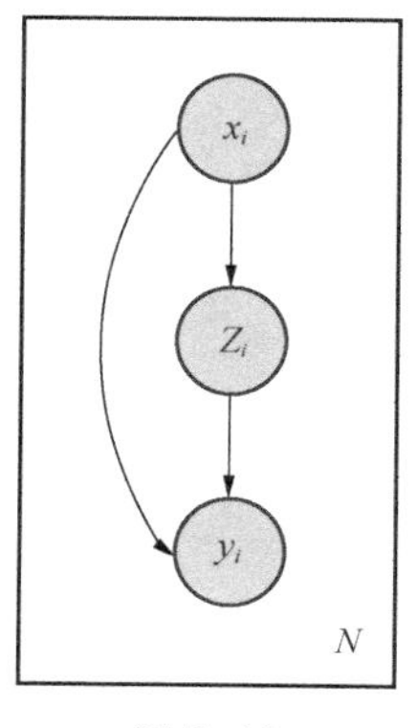

图 7-11

通常，专家混合模型使用 softmax 门函数，满足：

$$f(x) = \frac{\exp(\beta^T x)}{\sum_{i=1}^{k} \exp(\beta^T x_i)}$$

期望最大化算法通常是拟合模型的不错方案。例如，程序包 `mixtools` 包含函数 `hmeME` 来拟合专家混合。在撰写此书的时候，这个函数还只能支持两个簇。

所有门函数的组合需要在任何一个数据点上总和为 1。例如，在我们的例子中，两个 sigmoid 函数的效果如图 7-12 所示。

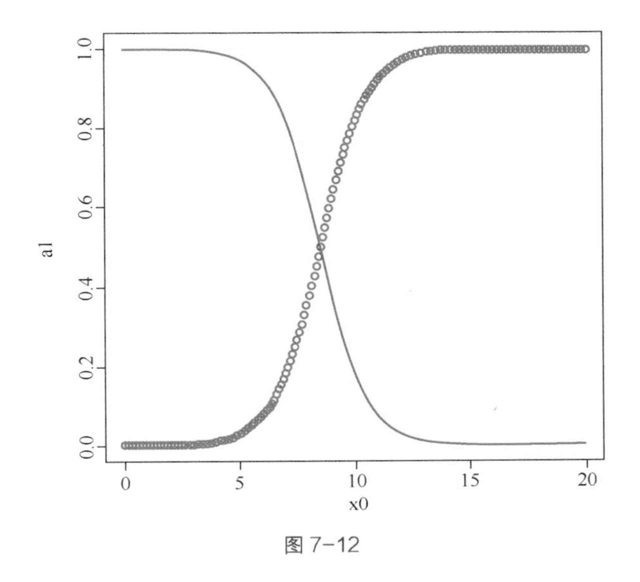

图 7-12

这样的组合可以给出最终模型，更好理解初始数据集，如图 7-13 所示。

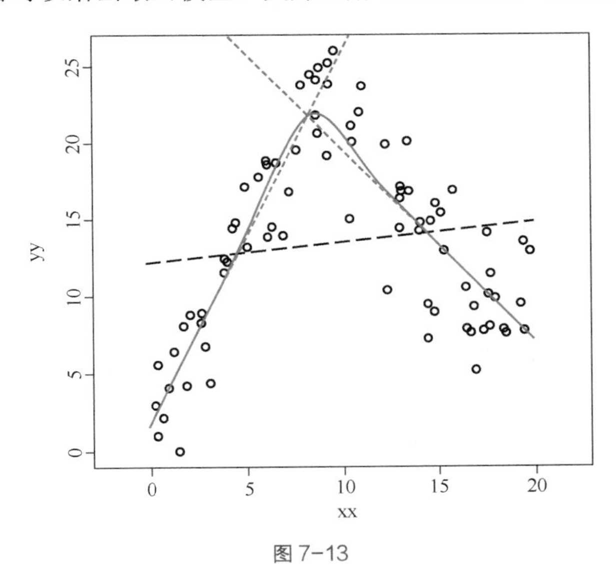

图 7-13

我们鼓励读者开发自己的期望最大化算法，来拟合这样的模型，并尝试不同的门函数。

诸如收缩技巧，或者使用贝叶斯方法处理参数也会避免过拟合。但是在子模型数量增长太快时，可能会是个问题。

7.5 隐狄利克雷分布

本书要介绍的最后一个模型是隐狄利克雷分布（Latent Dirichlet Allocation，LDA）。它是一个生成模型，可以用图模型表示。它基于混合模型同样的思想，但是有一个显著的不同。在这个模型中，我们假设数据点可能通过簇的组合生成，而不是之前的只由一个簇生成。

隐狄利克雷分布模型主要用在文本分析和分类。一个文本文档由多个表示实际意义的词语和段落组成。为了简化问题，我们可以说每一个句子或段落都是关于一个具体的主题，例如科学、动物、体育等。主题可以更加具体，例如猫或者欧洲足球。因此，这些词语很有可能来自具体的主题。例如，词语“猫”有可能来自主题猫。词语“体育场”有可能来自主题“欧洲足球”。但是，词语“球”应该有很大概率来自主题“欧洲足球”，然而也并非不能来自主题“猫”。因为猫也爱玩球。因此，词语“球”似乎同时使用不同的主题，只是确定程度不同。

其他词语例如“桌子”属于两个主题的概率应该相同，或者其他主题。它们都是原生的概念。当然除非引入另一个主题“家具”。

一个文档是词语的集合，因此一个文档和主题集合的关系可能很复杂。但是，最终我们还是有可能发现一些词语来自同一个主题或者一个段落，甚至一个文档中相同的主题。

通常，我们使用词袋（Bag-of-words）模型建模一个文档。也就是说，我们把文档看成服从具体分布的随机生成的词语集合。如果分布是均匀分布，文档就是完全随机的，没有任何含义。但是，如果是其他的分布，相关词语出现的概率很高，那么模型生成的词语集合就会有具体的含义。当然，生成文档并不是我们真正的应用。我们感兴趣的是文档分析、分类和自动理解。

7.5.1 LDA 模型

设 z_i 是类别型变量（或者说柱状图变量），表示字典里所有词语出现的概率。

在这一类模型中，我们通常只关注长词语（实际意义的词语）上，并移除短词语，例如和（and）、到（to）、而（but）、这（the）、一个（a）等。这些短词叫作**停用词**（Stop Words）。

设 w_j 为文档的第 j 个词语。一个文档生成模型可以表示成图 7-14 所示的模型。

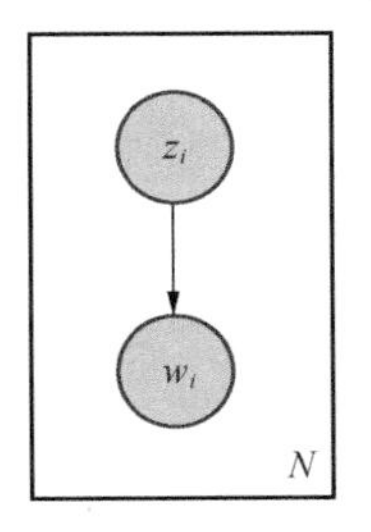

图 7-14

设 θ 是主题上的分布，那么我们可以通过选择某个主题，并生成一个词语的方式来扩展这个模型。

所以，变量 z_i 变成了 z_{ij}，是单词 j 属于在主题 i 的概率。图模型可以如图 7-15 所示进行扩展。

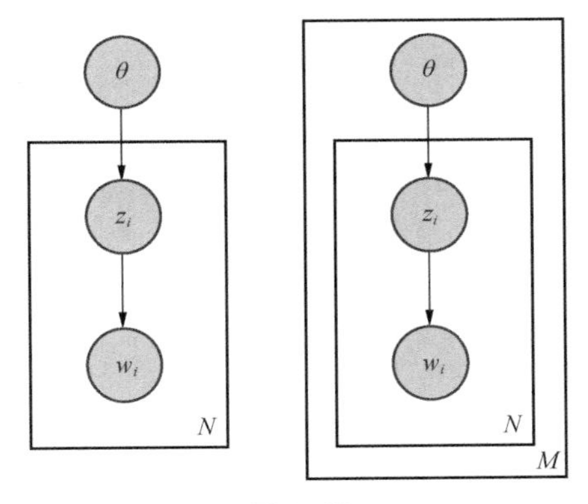

图 7-15

我们可以进一步扩展模型，确定我们希望建模一个文档集合。

假设这些文档都是独立同分布的，我们可以画出图模型。图中我们捕捉了 M 个文档（上图右边部分）。

由于 θ 上的分布是类别型的，我们希望可以采用贝叶斯方法。这主要是因为贝叶斯方法有助于建模（不会过拟合），并且把文档主题的选择看成随机过程。

而且，我们希望使用相同的策略，给出狄利克雷先验分布处理词语变量。这个先验分布用来避免带有0概率的未被观测的词语。它可以使每个主题中的词语分布变得平滑。一个均匀的狄利克雷先验分布会给出所有词语的均匀先验分布。

最终图模型可以由图7-16给出。

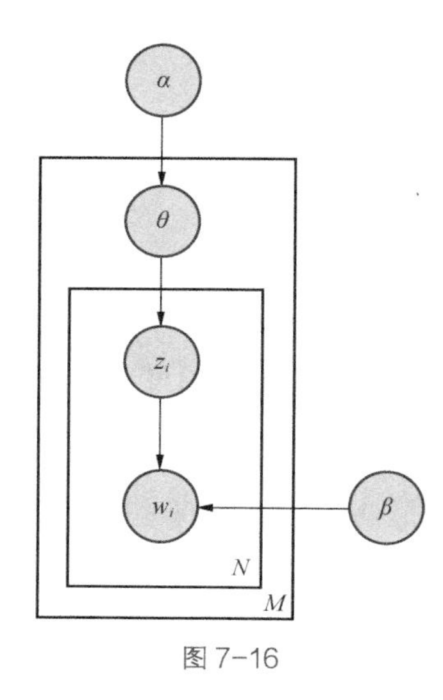

图7-16

这是非常复杂的图模型，但是人们已经开发出算法来拟合参数，并使用这个模型。所以，如果我们仔细研究这个图模型，会得到基于特定主题集合的文档生成过程：

- α 选择文档的主题集合；
- 从 θ 中生成主题 z_{ij}；
- 从合格主题中，生成词语 w_j。

在这个模型中，只有词语是可观测到的。所有其他的变量都在无法观测的情况下确定。这和其他混合模型一样。所以，文档表示为隐含主题上的随机混合，其中每一个主题都表示成词语上的一个分布。

基于这个图模型的主题混合分布可以写成：

$$p(\theta, z, w \mid \alpha, \beta) = p(\theta \mid \alpha) \prod_{i=1}^{N} p(z_i \mid \theta) p(w_i \mid z_i, \beta)$$

在这个公式中，可以看到我们为每一个词语选择了主题，所以乘积是从1到 N。

对 θ 积分，对 z 求和，文档的边缘分布如下：

$$p(w|\alpha,\beta)=\int p(\theta|\alpha)(\prod_{i=1}^{N}\sum_{z_i}p(z_i|\theta)p(w_i|z_i,\beta))d\theta$$

最后的分布可以通过取单个文档边缘分布的积得到，这样可以得到整个文档集合的分布（假设是独立同分布的）。这里，D 是文档集合：

$$p(D|\alpha,\beta)=\prod_{d=1}^{M}\int p(\theta_d|\alpha)(\prod_{i=1}^{N_d}\sum_{z_{d,i}}p(z_{d,i}|\theta_d)p(w_{d,i}|z_{d,i},\beta))d\theta_d$$

现在求解的主要问题是，给定文档后如何计算 θ 和 z 的后验概率。通过贝叶斯公式，我们知道：

$$p(\theta,z|w,\alpha,\beta)=\frac{p(\theta,z,w|\alpha,\beta)}{p(w|\alpha,\beta)}$$

不幸的是，由于分母上的归一化因子，整个公式无法计算。所以，最初 LDA 的文章借助了一种叫作**变分推断**（Variational Inference）的技术。它主要是把复杂的贝叶斯推断转换为简单的近似。这是一个可以解决的（凸的）优化问题。这个技术是贝叶斯推断的第三种方法，已经在许多其他问题中得到广泛应用。在下一节中，我们会简单介绍变分推断的原理，最后展示一个 R 语言的例子来结束本节。

7.5.2 变分推断

变分推断的主要思想是通过建立变分参数索引考虑一系列下边界，并优化这些参数找出最紧致的下边界。实际操作中，这个思想会把要评估的复杂分布近似成一个简单的分布，使得可以通过凸优化过程最小化距离（或者分布之间的其他合适的度量）。我们需要凸函数的原因是因为凸函数问题有全局最小值。

通常，图模型的优良近似包括解耦变量来简化模型。在实际操作中，我们需要移除边。

在隐狄利克雷分布模型中，变分问题可以通过解耦变量 θ 和 β 实现。

解耦后得到的图模型不再展示 θ 和 z_i 之间的连接，而是包含了新的变分参数。最终的分布是：

$$q(\theta z \mid \gamma,\phi)=q(\theta \mid \gamma)\prod_{i=1}^{N} q(z_i \mid \phi_i)$$

这里 γ 是狄利克雷变量，ϕ 是一个多项式。

优化问题需要计算简化分布与真实分布之间的距离或者差异。

这个任务通常可以使用两个分布之间的 Kullback-Leibler 差异度来实现。因此优化问题就是找出 (γ,ϕ)，满足：

$$(\gamma^{*}, \phi^{*})=argmin_{\gamma,\phi}\ D(q(\theta,z \mid \gamma,\phi) \| p\ (\theta,z \mid w,\alpha,\beta))$$

许多优化算法都可以解决这个问题。

模型参数的拟合可以再次使用期望最大化算法来完成。但是，在推断中，E-步骤难以计算，可以通过这个问题的变分近似来解决。

E- 步骤包括找出每个文档变分参数的值。然后 M- 步骤包括根据参数 α 和 β 最大化对数似然率的下边界。这两个步骤会不停地重复，直到对数似然率下边界收敛。

7.5.3　示例

我们会使用 `RtextTools` 和 `topicmodels` 程序包。第二个程序包包含 LDA 的实现。

首先加载数据：

```
data(NYTimes)
data <-NYTimes[samples(1:3100, size =1000, replace = F)]
```

得到的 `data.frame` 包括 `titles`、`subject` 和相应的 `topic.code`。这个数据集包括《纽约时报》的标题。

然后创建矩阵，便于程序包 topicmodels 中的 `LDA()` 函数操作：

```
matrix <-create_matrix(cbind(as.vector(data$Title),as.
vector(data$Subject)), language="english,"removeNumbers=TRUE, stemWords=TRUE)
```

接着，建立主题数量。这可以通过查看原始数据集中唯一的 topic.code 得到。这个数据集支持这样的查询任务：

```
k <-length(unique(data$Topic.Code))
```

最后，运行带有变分期望最大化的学习算法。这个函数也提供了 Gibbs 采样方法来解决同样的问题：

```
lda <-LDA(matrix, k)
```

结果是带有 27 个主题的主题模型。我们可以具体看一下。返回的对象是一个 S4 对象（你会注意到我们在 R 语言中使用 @ 记号）。

让我们取第一个文档，看一下主题上的后验分布：

```
print(lda@gamma[1,])
[1] 0.649978052 0.004191364 0.004191364 0.004191364 0.004191364
0.004191364 0.004191364 0.004191364 0.004191364 0.004191364 0.004191364
0.004191364 0.004191364 0.004191364 0.004191364 0.004191364
[17] 0.004191364 0.004191364 0.115045483 0.004191364 0.004191364
0.004191364 0.134383733 0.004191364 0.004191364 0.004191364 0.004191364
```

我们看到，第一个主题有较高的概率。为了更好地查看结果，可以画出图形，如图 7-17 所示。

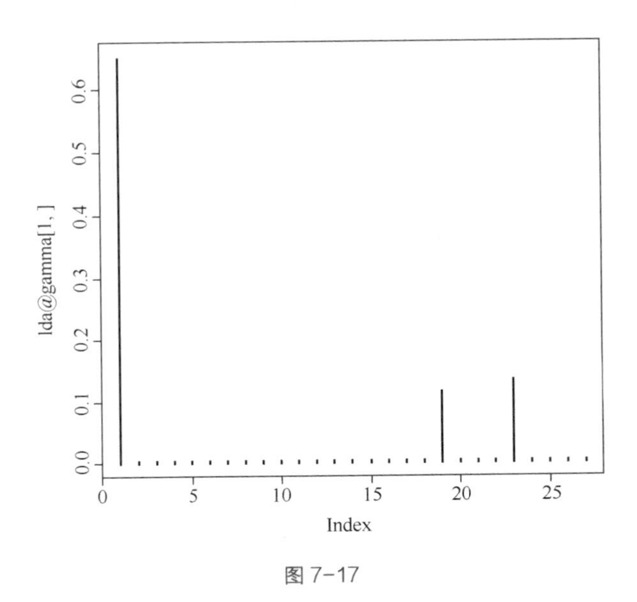

图 7-17

我们还可以看到所有文档上的平均图形展示，如图 7-18 所示，代码如下：

```
plot(colSums(lda@gamma)/nrow(lda@gamma), t ="h")
```

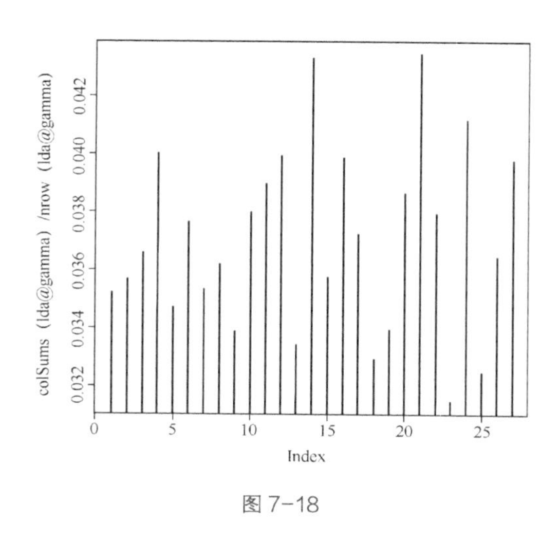

图 7-18

从这个图中我们可以看到，主题上的分布明显不均匀，这并不意外。

所以我们有了从每个文档中抽取最大概率主题的方法。注意，以第一个文档为例，一个主题的概率较高，同时也出现了另外两个主题。其余的主题就更不显著了。

例如，我们可以搜寻带有两个以上的概率大于 10% 的主题的文档数量：

```
sum(sapply(1:nrow(lda@gamma), function(i) sum(lda@gamma[i, ] >0.1) >1))
```

我们从 1 000 个文档中找出了 649 个文档。但是，如果我们看一下从 0% 到 100% 的每 10% 的区间，这个数量下降得很快。这似乎说明我们的数据集中许多文档都只属于一个主题。图 7-19 给出了这个变化。

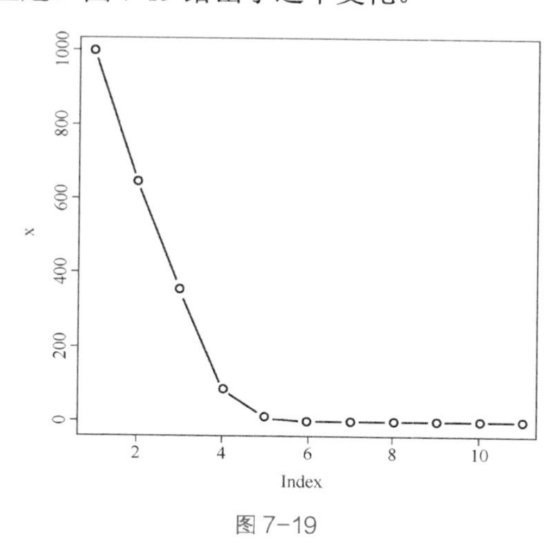

图 7-19

例如在 30% 的时候，只有不到 400 份文档还拥有至少两个主题。然后数量就下降了。所有分析都可以基于这个图开展，例如找出属于一个主题的词语等。

7.6 小结

在最后一章中，我们看到了更先进的概率图模型，使用标准的诸如联结树算法进行求解并不容易。本章首先展示了图模型框架依然可以用到人们开发的具体算法中。事实上，在 LDA 模型中，变分问题的答案是在观察了原始 LDA 的图模型后发现的，通过转换图形，生成原始问题更好的近似。所以，尽管最后的算法并没有像联结树算法那样直接使用图模型，但是答案依然来自于图模型本身。

本章展示了概率图模型的强大之处。所有的概率和新的模型都可以从简单的模型创建。

每一个模型实际上可以再次扩展，像专家混合模型一样合并它们。在这个模型中，每一个专家函数可以被另外的专家混合模型替代，进而构造专家层级混合模型。这是决策树的概率版本，但是添加了平滑转换和处理不确定性的能力。

我们已经介绍完了概率图模型的知识。但是，这只是一个开始，我们鼓励读者去发现所有的图模型 R 语言程序包，并编写自己的代码。学习了本书中的图模型和原生方法，我们可以越过标准模型和解决方案。唯一的限制就是自己的想象力。

附录

参考文献

下面的参考文献都是在本书的编写过程中用到的。我们鼓励想对概率图模型和贝叶斯建模有进一步了解的读者阅读这些文献。

本书中的许多例子和解释都是从这些文献中得到启发。

有关贝叶斯历史的书籍

- Gelman, A., Carlin, J.B., Stern, H.S., Dunson, D.B, Vehtari, A., and Rubin, D.B.. *Bayesian Data Analysis, 3rd Edition*. CRC Press, 2013。这本关于贝叶斯建模的参考书从最基本的概念介绍到最前沿的技术，并关注建模和计算流程。
- Robert, C.P.. *The Bayesian Choice: From Decision-Theoretic Foundations to Computational Implementation*. Springer, 2007。这本书更加理论，但是给出了贝叶斯范式许多概念的严格推导。
- McGrayne, Sharon Bertsch. *The Theory That Would Not Die*. Yale University Press, 2011。这本书介绍了贝叶斯规则如何破解英格玛密码，帮助击沉俄国潜艇，取得了两个世纪以来的伟大胜利。从托马斯贝叶斯的第一篇文章到21世纪的最新进展，这本书都做了生动的历史回顾。

有关机器学习的书籍

- Murphy, K.P.. *Machine Learning: A Probabilistic Perspective*. The MIT Press, 2012。这本书介绍了机器学习的很多算法。它不仅仅介绍了图模型和贝叶斯模型。这是最好的参考书之一。
- Bishop, C.M. *Pattern Recognition and Machine Learning*. Springer, 2007。这是有关机器学习最好的书籍之一，涵盖了许多方面，并介绍了每一个算

法的许多实现细节。

- Barber, D.. *Bayesian Reasoning and Machine Learning*. Cambridge University Press, 2012。这是另外一本不错的书籍，介绍了机器学习的许多内容，特别介绍了贝叶斯模型。
- Robert, C.P.. *Monte Carlo Methods in Statistics*. 2009。这是有关蒙特卡洛方法的很好的文章，偏教学。
- Koller, D. and Friedman, N.. *Probabilistic Graphical Models: Principles and Techniques*. The MIT Press, 2009。这是有关概率图模型的最完整、最前沿的书籍。它介绍了该领域的所有内容。这本书内容很丰富，给出了有关概率图模型的许多算法细节和有用的展示。它可能是概率图模型最好的书籍。
- Casella, G. and Berger, R.L.. *Statistical Inference, 2nd Edition*. Duxbury, 2002。这是一本经典统计学的参考书，有许多详实的阐述，每个做统计的人都应该读一读。
- Hastie, T., Tibshirani, R., and Friedman, J.. *The Elements of Statistical Learning: Data Mining, Inference, and Prediction*. Springer, 2013。这是一本畅销书，从统计的角度介绍了机器学习的最重要的概念。

文章

- Jacobs, R.A., Jordan, M.I, Nowlan, S.J., and Hinton, G.E. *Adaptive mixtures of local experts*. 1991 in Neural Computation, 3, 79~87。这篇文章是关于专家混合的，用在第 7 章概率混合模型中。
- Blei, David M., Ng, Andrew, Y, Jordan, Michael, I. *Latent Dirichlet Allocation*. January 2003, *Journal of Machine Learning Research* 3 (4~5), p993~1022。这是有关 LDA 模型的参考文章，用在第 7 章概率混合模型中。

欢迎来到异步社区！

异步社区的来历

异步社区（www.epubit.com.cn）是人民邮电出版社旗下 IT 专业图书旗舰社区，于 2015 年 8 月上线运营。

异步社区依托于人民邮电出版社 20 余年的 IT 专业优质出版资源和编辑策划团队，打造传统出版与电子出版和自出版结合、纸质书与电子书结合、传统印刷与 POD（按需印刷）结合的出版平台，提供最新技术资讯，为作者和读者打造交流互动的平台。

社区里都有什么？

购买图书

我们出版的图书涵盖主流 IT 技术，在编程语言、Web 技术、数据科学等领域有众多经典畅销图书。社区现已上线图书 1000 余种，电子书 400 多种，部分新书实现纸书、电子书同步出版。我们还会定期发布新书书讯。

下载资源

社区内提供随书附赠的资源，如书中的案例或程序源代码。

另外，社区还提供了大量的免费电子书，只要注册成为社区用户就可以免费下载。

与作译者互动

很多图书的作译者已经入驻社区，您可以关注他们，咨询技术问题；可以阅读不断更新的技术文章，听作译者和编辑畅聊好书背后有趣的故事；还可以参与社区的作者访谈栏目，向您关注的作者提出采访题目。

灵活优惠的购书

您可以方便地下单购买纸质图书或电子图书，纸质图书直接从人民邮电出版社书库发货，电子书提供多种阅读格式。

对于重磅新书，社区提供预售和新书首发服务，用户可以第一时间买到心仪的新书。

用户账户中的积分可以用于购书优惠。100 积分 =1 元，购买图书时，在  里填入可使用的积分数值，即可扣减相应金额。